岩波講座
物理の世界

摩擦の物理

物質科学の発展 2

摩擦の物理

松川 宏

岩波書店

編集委員

佐藤文隆

甘利俊一

小林俊一

砂田利一

福山秀敏

本文図版

飯箸　薫

まえがき

　本書は，物理の視点から摩擦に関する我々の現在の理解を紹介した本である．摩擦は最も身近な物理現象の一つである．その研究は古代から行われ，そして産業革命の時代を経て発展してきた．しかし，その理解が進んだのは原子論の発達した20世紀に入ってからである．20世紀後半，新たな実験技術などの進歩に伴い原子・分子スケールの摩擦を調べることが可能になり，摩擦の研究は新しい時代に突入した．そして，いままた新たなステージに入りつつある．

　摩擦は多様な舞台で現れる現象である．本書では，古代から現代の未解決の問題まで，原子・分子スケールから地震まで，様々な摩擦現象を扱っている．しかし，舞台は異なっても似た振る舞い，概念が登場する．しかし，良く見ればそれぞれの個性もある．そのような舞台を越えた普遍性とそれぞれの個性は，この世界で広くみられる．まさにそれが，摩擦にも現れることを読者に感じていただければと思う．

　摩擦は工学上も，もちろん極めて大きな問題である．本書ではその点についても多くはないがいくつか触れている．工学的に新規な発明も，それが革新的であるほど物理学の問題と関係が深い．物理学的興味と工学的興味は離れているものではなく，むしろかなり重なっているといえる．

　あのダ・ヴィンチによって発見された摩擦の法則は高校の物理の教科書にも登場し，よく大学入試の問題にもなる．しかし，その摩擦の法則が成り立つしくみが，大学の講義で取り上げら

れることはほとんどない．本書は大学初年度の学生の方々にも，できるだけ理解していただけるよう著したつもりである．一方，摩擦に関しては未解決の基本的問題が多くあり，それらに対する最先端の取りくみについても触れている．その意味でこの分野に関心を持つ研究者の方々にも興味を持っていただけるものにしようと，かなり欲張った．この目論みが成功していることを願う．ご批判，ご批評をいただければ幸いである．

　本書の執筆に当たって，国内外の多くの研究者・学生の方々との議論が参考になった．深く感謝したい．最初に本書の御提案をいただいたのは，初めて摩擦の物理に関する研究会を，まだ六本木にあった東京大学物性研究所において開催した際である．その研究会においては故笹田直，三本木孝，河野彰夫，那須野悟の諸先生にも御講演，御議論していただいたことを思い出す．著者の怠慢により長く年月が過ぎてしまったが，辛抱強く激励していただいた岩波書店編集部の方々に御礼申し上げる．

　2012 年 5 月

松川宏

目　次

まえがき

1 序　論 ･････････････････････ 1
　1.1 摩擦とは　1
　1.2 摩擦の法則——アモントン-クーロンの法則　3
　1.3 アモントン-クーロンの法則の適用範囲　9
　1.4 摩擦の制御——潤滑　14
　1.5 近年の発展
　　　——原子・分子スケールの摩擦・トライボロジー　17

2 アモントン-クーロンの法則の成立機構 ････ 25
　2.1 真実接触面積　25
　2.2 速度に依存しない動摩擦力
　　　——真実接触点のスティック・スリップ運動　36

3 変化する摩擦係数 ･･････････････ 46
　3.1 摩擦の速度・待機時間依存性　46
　3.2 摩擦の構成則　51
　3.3 アスペリティのクリープ運動　54
　3.4 真実接触面積の待機時間依存性　58
　3.5 地震と動摩擦力の速度依存性　63

4 原子・分子スケールからの摩擦 ･･･････ 67
　4.1 摩擦力顕微鏡と摩擦の制御　67
　4.2 真実接触点の形成，変形，破壊を見る　75
　4.3 表面力測定装置と水晶マイクロバランス法　77
　4.4 摩擦力の角度依存性——超潤滑　82
　4.5 原子スケールの摩擦のモデル　87

| viii | 目 次 |

5 最近の発展と問題・・・・・・・・・・・・・・・・・・ 96
　　——再びアモントン-クーロンの法則
　5.1 ミクロなスリップとマクロな滑り　96
　5.2 新しいアモントン-クーロンの法則の機構　100
　5.3 おわりに　105

A 転位と塑性変形・・・・・・・・・・・・・・・・・・・ 108

　参考図書　111
　索　引　　115

1
序 論

■1.1 摩擦とは

摩擦は最も身近な物理現象の一つであろう．図1.1のように，床の上の積み木に外力を加え動かそうとするとき，外力による運動を妨げようとする力が働く．一般に，お互いの表面を接する2つの物体の一方に外力を加え，相対運動を起こそうとすると，このような現象が生じる．これを**摩擦**という．また，運動を妨げようとする力を**摩擦力**という．

この摩擦は，我々が生活していくうえで欠くことのできないものである．靴底と地面の間の摩擦がなければ，歩くことができない．繊維の間の摩擦がなければ，糸もよれず布も織れず，服もできない．さらには，地球がこのような豊かな環境を作り上げるためにもなくてはならない．石や砂の間の摩擦がなければ，

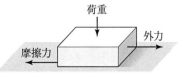

図1.1 床の上の積み木に働く摩擦力．

山もできず谷もできず,地表はのっぺらぼうとなろう[1][2].

一方,物を移動しようとするとき,摩擦はしばしば邪魔になる.そのため,摩擦を軽減する手段——潤滑——が必要とされ,古代エジプトの時代から研究されてきた[3].図1.2は,エジプトの古代遺跡に残るレリーフである.多くの人が巨大な石像をそりに載せて運んでいる.よく見るとそのそりの先頭で,瓶をもって液体を撒いている人がいる.今日でも,摩擦力を軽減するため,エンジンオイルなど液体の潤滑剤を使うことが多い.彼はそりの大きな摩擦力を軽減するため,液体潤滑剤をそりの前に撒いているのである.

この摩擦・潤滑は,近世以降,ダ・ヴィンチ,アモントン(Amontons),クーロン,ニュートン,オイラー,レイノルズ(Reynolds)など多くの著名な学者により研究されてきた.そして,原子論の発達と産業界からの要請により,20世紀半ばに摩擦の研究は大きな発展を見せる[10].

摩擦は多様な舞台で現れる現象である.近年の進展は極微の原子・分子スケールからの摩擦現象の研究を可能にした[4]-[7].大きなスケールでは,地震も断層での摩擦現象である[17].ま

図1.2 エジプトの古代遺跡に残るレリーフ.

た，広義には摩擦力は運動を妨げようとする力である．液体中を動く粒子に働く抵抗も，摩擦と呼ばれる．さらには，固体界面での滑り摩擦に類似の現象は固体内でも現れる[4][7][19]．

近年，摩擦の研究は様々な実験手段，理論的手法，計算機の発達により，新しい段階を迎えている．この本では，多様な舞台でおこる摩擦の問題を，滑り摩擦の問題を中心に見ていきたい．この章では，序論として摩擦の振る舞いの概要と，その研究のこれまでの展開，および近年の進歩を概観したい．

■1.2 摩擦の法則 —— アモントン-クーロンの法則

まずは我々に最もなじみの深い図1.1のようなマクロな固体間の滑り摩擦から考えていこう．上の積み木を動かそうとして，図のように外力を加えても，最初，積み木は動かない．摩擦力が働き，それが外力と釣り合うからである．外力を大きくすると，摩擦力もそれにつれ大きくなる．しかし摩擦力には上限があり，ある大きさ——**最大静摩擦力**と呼ばれる——を越えては大きくなることはできず，外力がそれを越えると積み木は動き出す．このように，最大静摩擦力は運動を引き起こすための外力の閾値である．動き出した積み木には**動摩擦力**と呼ばれる摩擦力が働き，運動を止めようとする．この動摩擦力は，積み木の運動エネルギーが，積み木と床との間の相互作用により，主に熱に変わり，散逸してしまうために生じる．

この固体間の滑り摩擦に関しては，**アモントン-クーロンの法則**と呼ばれる次の経験則が広い範囲で成り立つ．

（1）摩擦力は見かけの接触面積に依らない．
（2）摩擦力は荷重に比例する．

(3) 動摩擦力は最大静摩擦力より小さく滑り速度に依存しない．

このうち最初の2つは，すでに15世紀にあのダ・ヴィンチが発見していたことが，今日知られている．彼が行った摩擦の実験のスケッチを図1.3に示す．ただし，ダ・ヴィンチの発見は一旦埋もれてしまい，19世紀になってアモントンとクーロンが再発見した．そのため，上記のような名前で呼ばれるようになった．

摩擦力の荷重への比例係数を**摩擦係数**という．普通はギリシャ文字の μ で表す．そして，最大静摩擦力に対応した係数を**静摩擦係数**，動摩擦力に対応した係数を**動摩擦係数**という．上の法則が成り立てば摩擦係数は見かけの接触面積にも，荷重にも依存せず，動摩擦係数は滑り速度にも依らない定数となる．

摩擦の起こる原因と，このアモントン-クーロンの法則が成り立つ機構については古くから議論されてきた．そのうち代表的な説が，**凸凹説**と呼ばれるものである．固体の表面は，どれだけ平坦にみえても，細かく見れば凸凹している，という"事実"からこの説は出発する．そのような凸凹した表面を持つ2つの固体を重力下でお互いに滑らそうとすれば，上の物体表面の凸は下の物体表面の凸を乗り越えなければならない．それを乗り越えるために必要な力が摩擦力である，と考えるのがこの凸凹説である．この凸凹説で，どのようにアモントン-クーロンの法則が説明されるのかをまず見てみよう．

物体表面の凸凹を単純化して，図1.4のようなある決まった

図 1.3 ダ・ヴィンチによる摩擦の実験のスケッチ．

角度 θ をもった鋸の歯のような形をしているとしよう．上に載る物体の水平方向に外力 F_{ext} を加え，荷重 W と，斜面からの垂直抗力 T との釣り合いを考える．それは図1.5のような斜面上の積み木にかかる力の釣り合いと同じになるので，

$$F_{\text{ext}} = T\sin\theta, \quad W = T\cos\theta$$

が成り立つ．外力 F_{ext} と釣り合っているのは摩擦力 F_{fric} である．したがって静摩擦係数 μ_{s} は

$$\mu_{\text{s}} = \frac{F_{\text{fric}}}{W} = \frac{F_{\text{ext}}}{W} = \tan\theta \qquad (1.1)$$

で与えられる．摩擦係数が見かけの接触面積に依らない定数となったのであるから，アモントン-クーロンの法則の最初の2つは説明できたことになる．

動摩擦係数に関しては，次のように考える．図1.4で，坂を登るときには最大静摩擦力が必要であるが，降りるときには逆に運動方向に押されてしまい，推進力，すなわち負の摩擦力が働

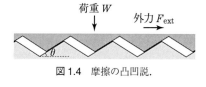

図 1.4　摩擦の凸凹説．

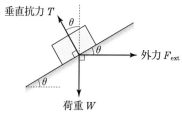

図 1.5　摩擦の凸凹説での力の釣り合い．

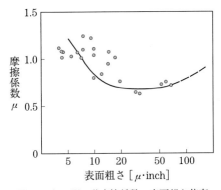

図 1.6 銅の間の動摩擦係数の表面粗さ依存性．横軸は表面粗さの標準偏差 $\sqrt{\langle(\delta z)^2\rangle}$ である．ここで，δz はある場所での表面の高さの平均値からのずれ，$\langle\ \rangle$ は平均を表す．（文献[11]より）

いてしまう．しかし，そのときは速く滑るのでエネルギーを素早く散逸してしまうと考え，正の摩擦力も負の摩擦力も働かないとする．すると摩擦力が働くのは凸凹を運動している間の坂を登るときのみ，つまり半分の区間なので，（平均の）動摩擦力は最大静摩擦力の半分となり，動摩擦係数も静摩擦係数の $1/2$ となるだろうと考える．動摩擦力の説明は怪しいが，それを認めれば，アモントン-クーロンの法則がすべて説明できたことになる．

さて，式(1.1)を見るまでもなく，この凸凹説では，表面が凸凹しているほど，つまり図1.4で角度 θ が $\pi/2$ に近いほど摩擦係数が大きくなることはすぐに理解できるだろう．これは本当であろうか．図 1.6 に摩擦係数の表面粗さ依存性を示す．ある程度以上粗い表面では，表面が粗くなるとともに確かに摩擦係数は増加する．しかし，ある程度以上滑らかな表面では，表面が粗くなるとともに摩擦係数は減少する．これは凸凹説と相容

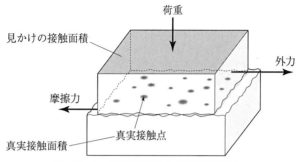

図 1.7 2つの固体表面の凸凹と真実接触点.

れない.

この凸凹説に替わって,今日,マクロな摩擦の発生機構として広く信じられているのが**凝着説**である[10]. 通常の固体表面は,どのように滑らかに見えても十分小さなスケールで見れば凸凹している,という事実から出発するのは凸凹説と同じである. 2つの固体の一方に荷重を掛け表面を接触させた場合,この凸凹のため,固体表面全体が接することはできない. 2つの固体の凸の部分だけが真に接することになる. このように真に接している部分を**真実接触点**,真実接触点の面積の総和を**真実接触面積**と呼ぶ.

真実接触点では,分子間または原子間相互作用による凝着(結合)が生まれる(図 1.7). この真実接触点ができている状態で,一方の固体に力を加え横に動かす場合,真実接触点での凝着を切らなければならない. そのために必要な力が摩擦力だと考えるのが,凝着説である.

この説では,摩擦力 F_fric は,単位面積あたりの凝着を切る力である剪断強さを σ_s,真実接触面積を A_r として,

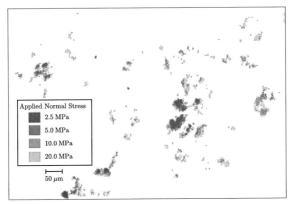

図 1.8 PMMA 板間の真実接触点が荷重とともに増加する様子. アミの部分が真実接触点である. (J. H. Dieterich and B. D. Kilgore: Pure and Appl. Geophys., **143**, 283 (1994) より)

$$F_{\mathrm{fric}} = \sigma_{\mathrm{s}} \times A_{\mathrm{r}} \tag{1.2}$$

となる. ここで真実接触面積が荷重 W に比例する, すなわち $A_{\mathrm{r}}=aW$ を仮定する(a は比例定数). すると摩擦係数 μ は

$$\mu = \frac{F_{\mathrm{fric}}}{W} = \frac{\sigma_{\mathrm{s}} \times A_{\mathrm{r}}}{W} = a\sigma_{\mathrm{s}} \tag{1.3}$$

で与えられる. このように, 摩擦係数が見かけの接触面積に依存せず定数となったので, 凸凹説と同様にアモントン-クーロンの法則の最初の2つは説明できたことになる.

今日では, この真実接触点の形成は, いくつかの方法で確認されている. 図 1.8 に光学的手法で観測したアクリルガラス(polymethyl-methacrylate; PMMA)の板の間の真実接触点の様子を示す. 確かに, 真実接触点が形成され, 真実接触面積が荷重とともに増加していることがわかる.

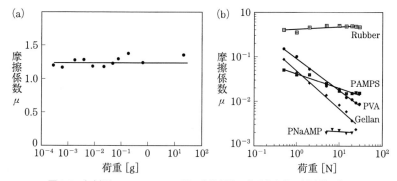

図1.9 (a)鋼とアルミニウムの間の摩擦係数の荷重依存性.(文献[11]より)(b) polyvinyl alcohol(PVA), gellan, poly(2-acrylamido-2-methylpropanesulfonic acid)(PAMPS),およびそのナトリウム塩(PNaAMP)とゴム(Rubber)の摩擦係数の荷重依存性.(J. P. Gong and Y. Osada: Prog. of Polym. Sci,. **27**, 3 (2002) より)

真実接触面積が荷重に比例することも確認されている.通常の条件下では,真実接触面積は見かけの接触面積の1/100程度以下,1つの真実接触点の大きさは10 μm 程度かそれ以下である.荷重を加えた2つの物体の間で,実際に凝着が起こっていることも実験的に確かめられている.

これらのことから,今日ではこの凝着説がマクロな摩擦の原因であると広く信じられている.真実接触面積が荷重に比例する機構,および動摩擦係数が速度に依存しない機構については,次章で説明する.

■1.3 アモントン-クーロンの法則の適用範囲

では,このアモントン-クーロンの法則はどこまで成り立つのであろうか? 図1.9(a)に,鋼とアルミニウムの間の摩擦係数を示す.横軸は対数スケールの荷重である.この場合,摩擦係

数は荷重を5桁にわたって変化させても一定である．つまり摩擦力は荷重に比例する．

このように，多くの物質の広いパラメーター範囲でアモントン-クーロンの法則は成り立つ．しかし，ある場合には成り立たない．図1.9(b)にさまざまなゲルおよびゴムの摩擦係数μの荷重W依存性を示す．ゲルの場合，摩擦係数は明かな荷重依存性を示し，その関数形はベキ関数的，すなわち$\mu \propto W^{\alpha-1}$である．この場合，摩擦係数は見かけの接触面積にも依存する．

次に動摩擦力が関与する現象を見ていこう．我々が日常生活でよく経験する摩擦現象の1つとして滑りと静止を繰り返す**スティック・スリップ運動**がある．図1.10のように床の上の積み木を，一端が一定速度vで動くバネで引っ張る場合を考える．最初，バネの自然長の状態から始めると，時間とともにバネの力が増大し，それが最大静摩擦力を越えたとき積み木は動き出す．アモントン-クーロンの法則に従えば，動き出すと同時に摩擦力は最大静摩擦力から小さな動摩擦力に変わるので，加速度はいきなり有限の大きさになり，勢いよく滑る（スリップ）．滑るとバネの力が緩和し，ある程度滑ったところで積み木は止まる．この後，バネの力が再び最大静摩擦力に達するまで，積み木は止まり続け（スティック），最大静摩擦力に達したところで再び滑る．このように，静止状態と滑り状態を繰り返す運動をスティック・スリップ運動という．この運動は，建て付けの悪い

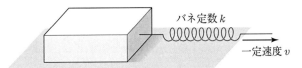

図1.10 一端が一定速度vで運動するバネで駆動される積み木．

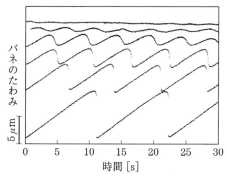

図 1.11 厚紙のスティック・スリップ運動．縦軸は厚紙を駆動するバネのたわみである．上の線ほど荷重が小さい．（F. Heslot, T. Baumberger, B. Perrin, B. Caroli and C. Caroli: Phys. Rev., **E49**, 4973 (1994) より）

引き戸を開けるときや，自転車のブレーキの鳴きとして，我々にもなじみ深いものである．地震もこのようなスティック・スリップ運動の一種である．

実験をみてみよう．図 1.11 は厚紙と厚紙の間の滑り摩擦に現れるスティック・スリップ運動の様子を示したものである．実験装置は基本的には図 1.10 と同じであり，上の厚紙には荷重を加えることができるようになっている．

図で，横軸は時間，縦軸は上の厚紙を駆動するバネのたわみである．荷重を変えた実験結果を縦軸を適当にずらせて 1 枚のグラフ上に示している．荷重が小さいときはバネのたわみは一定で滑らかな運動が現れる．しかし，ある荷重より大きいと，はじめは上の厚紙はスティックし動かず，バネのたわみは一定の割合で増加し，その力が最大静摩擦力に達したところで急激に厚紙はスリップし，バネのたわみは緩和し，その後，再び厚紙はスティックする．これを繰り返し，周期的なスティック・ス

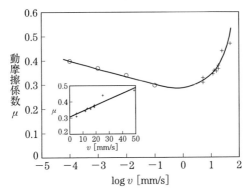

図 1.12 厚紙の動摩擦係数の速度依存性．横軸は対数スケールであることに注意．(F. Heslot, T. Baumberger, B. Perrin, B. Caroli and C. Caroli: Phys. Rev., **E49**, 4973 (1994) より)

リップ運動をしていることが図からわかる．

 一般に，このようなスティック・スリップ運動は，速度の増加とともに摩擦力が減少するときに起こる．一定速度で動かそうとしても，速度が揺らいで増大すると摩擦力が減少するため，速度はさらに増大する．したがって一定速度の運動は不安定化し，スティック・スリップ運動が起こるわけである．実際は，駆動するバネがある程度硬ければスティック・スリップ運動は押さえられる．今の場合，荷重を小さくすると摩擦力が小さくなり，実効的に硬いバネを用いた場合と同じになり，スティック・スリップ運動が押さえられ，一定速度で動くようになる．

 図 1.12 に一定速度で動く領域での，厚紙の動摩擦力の 6 桁にわたる速度変化への依存性を示す．このように広い速度範囲で見た場合，動摩擦力は明確な速度依存性をもつ．これは厚紙の摩擦に限らず一般的に見られる振る舞いである．通常，興味のある速度領域はそれほど広くなく，また動摩擦力の速度依存性も

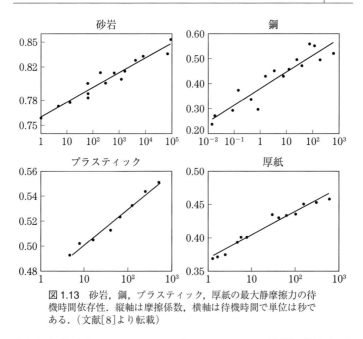

図 1.13 砂岩,鋼,プラスティック,厚紙の最大静摩擦力の待機時間依存性.縦軸は摩擦係数,横軸は待機時間で単位は秒である.(文献[8]より転載)

それほど強くないので,アモントン-クーロンの法則に記される"速度に依存しない動摩擦力"が観測されることになる.

また,図からは低速度の領域では速度の増加とともに動摩擦力は対数関数的に減少することがわかる.この対数関数的速度依存性も広く観測されるものである.一方,差し込み図は高速度領域の動摩擦係数を示したもので,横軸は線形スケールの速度である.この領域では動摩擦係数は速度に線形に依存して増加する.

次に,静摩擦力の振る舞いをみてみよう.実は多くの物質で最大静摩擦力に対応する静摩擦係数 μ_s は,2つの物体が接してから,または静止してから次に最大静摩擦力を測るまでの時間,すなわち次に滑るまでの時間——**待機時間**——に依存する.そ

の時間依存性を示したのが，図 1.13 である．図で横軸は対数スケールの待機時間，縦軸は静摩擦係数であり，砂岩，鋼，プラスティック，厚紙の 4 つの物質についての実験結果である．静摩擦係数が，待機時間とともに対数関数的に増加することがわかる．このように摩擦力は待機時間を覚えるのである．

　ここまでみてきたように，ある場合にはアモントン–クーロンの法則は広い範囲で成り立つ．しかし，アモントン–クーロンの法則が成り立たない場合もある．どういう場合に成り立ち，どういう場合に成り立たないのか．成り立たない場合，摩擦はどのように振る舞うのか．さらには，凝着説で本当に摩擦の発生機構が説明できるのか．実はこのような基本的な問題も，いまだ完全に解決しているわけではなく，議論が続いている．これについては本書の中で議論していくことにする．

■1.4 摩擦の制御 ——潤滑

　摩擦の結果，しばしば，表面が削られ摩耗する．機械において摩耗は損傷を引き起こすため避けるべきものであるが，潤滑はこの摩耗を軽減するためにも重要である．摩擦・潤滑・摩耗を総合的に扱う学問の分野を**トライボロジー**(tribology)という．この言葉は，"擦る" を意味するギリシャ語 tribos を語源として 1965 年にイギリスで作られた比較的新しい言葉である．

　潤滑のために最も良く用いられる方法の 1 つは，古代エジプトの時代から用いられてきた滑り面間に液体潤滑剤を導入する**流体潤滑**である．例えば，図 1.14 に示すような液体中のスライダーの滑りを考えよう．スライダーの下の面が基板に対して傾いているため，下の基板とスライダーの滑り面間にはスライダー

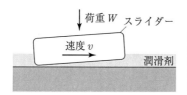

図 1.14 液体潤滑状態でのスライダーの滑り．潤滑剤はスライダーの運動自身によって滑り面間に導入される．

自身の右方向への運動により潤滑剤が導入される．これにより2つの固体間の直接接触を防ぎ，摩擦，摩耗を小さく保つ．

このとき滑り面間の潤滑剤の厚さは $\eta v/W$ に依存する．ここで W はスライダーにかかる荷重，v は滑り速度，η は潤滑剤の粘性率である．$\eta v/W$ がある程度大きい間は，この量の増加とともに潤滑剤の粘性摩擦が増加し，摩擦も増える．これが**流体潤滑状態**であり，レイノルズが流体力学を用いて最初に説明した．一方，$\eta v/W$ が減少していくと滑り面に導入される潤滑剤層が薄くなり，滑り面の間隔も狭まる．そして徐々に固体表面の凸凹が効いてきて固体接触が起こりだし，摩擦力は急激に上昇し**混合潤滑状態**となり，ついには固体間の滑り摩擦と同じく摩擦係数が一定の**境界潤滑状態**に至る．この流体潤滑から境界潤滑への変化の様子を示すのが図 1.15 に示した**ストライベック曲線**である．横軸は $\eta v/W$，縦軸は摩擦係数である．一般の機械は，この曲線で流体潤滑領域で働くよう設計される．

今日，流体潤滑の技術をほとんどその極限状態で利用しているのが計算機などの記憶装置として広く使われている磁気ハードディスクである[4][6][14]．

ハードディスクでは磁性体でできた円板(ディスク)を磁化することで情報を記録する．ディスクの磁化を読み取るためのヘッドには磁場の方向によって電気抵抗が大きく変わる材料が使われている．これによってディスク上の磁化の方向を電気信号と

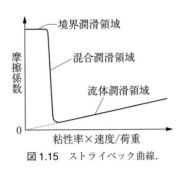

図 1.15　ストライベック曲線.

して読み取る.ディスクは毎分 10000 回転ほどの高速で回転しており,その運動により磁気ヘッドとディスク間に空気流体層が導入され,ヘッドはディスク上わずか 10 nm 程度浮いて流体潤滑が達成されている.ヘッドの大きさをジャンボジェットの大きさに置き換えると,ジャンボジェット機が地上 1 mm くらいの高さで飛んでいる状況に対応する.この微小なヘッド-ディスクの間隔により高い記録密度が可能となっているのである.

しかしこの 10 nm という間隔は空気分子の平均自由行程,約 50 nm に比べても小さく,もはや通常の流体力学は成り立たない.より微視的なモデルに基づいたシミュレーションにより設計が行われている.また,ハードディスクが止まっているときには磁気ヘッドは磁気ディスク上に接しており,回転とともに浮き上がる.そのため磁性体層をカバーする硬質層,および液体潤滑剤層の役割も重要である.

記憶装置の容量に対する要求は,ますます強くなっている.容量(記録密度)を増やすためには,磁気ディスクとヘッドの間隔をさらに小さくしなければならない.こうなるといっそう摩擦・潤滑が問題になる.次節で紹介する原子間力顕微鏡を使った記憶装置も,現在考えられている.原子・分子の配置で情報を記

■**1.5 近年の発展** ── 原子・分子スケールの摩擦・トライボロジー

　初めに述べたように摩擦，トライボロジーの研究の歴史は長い．それにもかかわらず，いまだに多くの基本的な問題に関して議論が続いている理由は何であろうか．第一には，摩擦は物体の表面で起こる現象である，ということがあげられよう．あのパウリ*は，"この世界は神様が作った，しかし表面は悪魔が作った"と言った．物の表面というのはすぐに状態が変わってしまい，その制御が非常に難しい．それだけ再現性のある精密な測定が困難になる．また2つの物体が接する表面で起こる現象なので"その場"をみることが困難である**．

　第二の理由はそれと関連するが，実験手段が非常に限られていたことである．基本的には条件をいろいろ変えて，物に力を加え，動くかどうか，動くとしたらどう動くかをみるしかなかった．物理学の問題として考えたとき，動摩擦は動いて初めて現れる本質的な非平衡現象 ── 正味のエネルギーの出入りのある現象 ── であることも，大きな理由の1つであろう．

　一般に，非平衡現象の研究は平衡現象に比べ格段に難しい．平衡現象の場合，系を特徴づける物理量は熱力学量であり，それを求める物理学的方法論は確立している．非平衡現象でも線形応答とよばれる，平衡状態に小さな摂動を加えたときに現れる摂動に比例する応答はすでに一般論***が確立している．し

---

　　*　W. Pauli, 20世紀初頭の物理学者．量子力学の建設者の一人．
　　**　実はこの点については最近著しい発展がある．第5章で紹介する．
　　***　久保-グリーンウッド理論とよばれる．

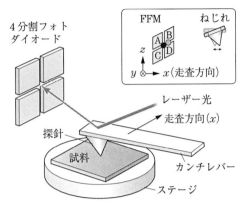

図 1.16 摩擦力顕微鏡の模式図．愛知教育大学三浦研究室提供．

かし，摩擦現象の場合，最大静摩擦力という運動を引き起こすための閾値が存在し，摂動と応答は比例関係にない．すなわち線形応答の領域にはない．このような線形応答を超えた領域の一般論はいまだ存在しない．これらの要因が摩擦，トライボロジーの研究を遅らせてきたといえるだろう．

しかし近年，摩擦，トライボロジーの研究は新たな展開を見せている [4]-[7][12][15]．その大きな要因は，表面制御技術の進展と新しい実験手段の登場であろう．それらにより，原子・分子レベルの摩擦現象を調べる事が可能となった．そのような分野はナノトライボロジーと呼ばれる．この分野の誕生の契機となったのは 1985 年のビニッヒ(G. Binnig)*による**原子間力顕微鏡**(Atomic Force Microscope, **AFM**)**の発明である．これを発展させて，原子・分子スケールの摩擦を測定できる**摩擦力顕微鏡**(Frictional Force Microscope, **FFM**)が生まれた．摩擦力顕微鏡は，基本的には原子スケールでとがった針(tip)で試料

---

* 走査型トンネル顕微鏡の発明で 1986 年ノーベル賞受賞．
** 文字通り各位置での原子の間の力を測る顕微鏡．

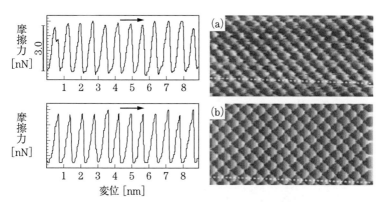

図 1.17 (左)摩擦力顕微鏡による KBr(100) 表面の摩擦力と計算機実験との比較. 上がある軸にそって摩擦力顕微鏡を走査したときの摩擦力の実験結果. 下は対応する計算機シミュレーションの結果. (右)左の走査を軸を少しずつずらしながら行って得られた摩擦力の2次元マップ. 上が実験結果, 下が対応する計算機シミュレーションの結果. (E. Gnecco, R. Bennewitz, T. Gyalog and E. Meyer: J. Phys.: Condens. Matter, **13**, R619 (2001) より)

表面を擦り, そのときの針先端と試料表面の間に働く摩擦力を測るものである. その模式図を図 1.16 に示す. この針で試料表面を擦ると, 針-試料表面間に働く摩擦力により針がねじれる. 多くの摩擦力顕微鏡では, このねじれを図のように光を用いて測定する.

図 1.17 に, この摩擦力顕微鏡の針を KBr(100)[*] 表面のある軸に沿って走査したときの摩擦力を, 針の根本の位置に対して示す(左上のパネル). 綺麗な周期がみえるが, これは原子スケールのスティック・スリップ運動である. この走査を軸を少しずつずらしながら行って得られた摩擦力の大小を明暗で示した, 摩擦力の2次元マップを図の右上に示す. 見事な KBr(100) 表面

---

[*] これは結晶面を表す指数でミラー指数と呼ばれる.

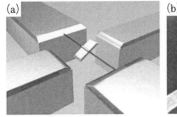 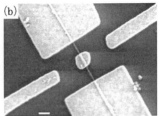

図1.18 クーロン力で駆動するナノモーター．左は模式図であり，右は電子顕微鏡写真．軸受けには多層のカーボンナノチューブが使われている．右の図で左下の棒の長さが 300 nm である．(A. M. Fennimore, T. D. Yuzvinsky, Wei-Qiang Han, M. S. Fuhrer, J. Cumings and A. Zettl: Nature, **424**, 408 (2003) より)

の格子像がみえる．

計算機の発達も，さまざまなスケールでの計算機シミュレーションを可能とし，摩擦の研究を推し進める大きな力となっている．図1.17の左下および右下の図は上の図に対応する計算機シミュレーションの結果である．実験とシミュレーションは良い一致を示している．このように計算機シミュレーションと比較することにより，実験ではわからない知見が得られ，現象のより深い理解が可能となる．

一方，実社会に目を向けると，新しい摩擦・トライボロジーの問題が続々と生まれている．その一例が nm スケールの機械，**ナノマシーン**での摩擦，トライボロジーである．図1.18にツェトル(Zettl)らが作ったナノスケールの電気モーターを示す．

動作部の大きさは 100 nm のスケールであり，静電力で駆動する．中央のプロペラの羽根の部分は帯電している．両側の電極の電荷を周期的に変化させることにより，プロペラが回転する．プロペラが滑らかに回るためには，プロペラが固定されている軸を台に固定する軸受けが重要となる．この軸受けの部分

が滑り面であり，ここで摩擦が発生する．

このようなナノスケールの機械では，滑り面の粗さも当然高い精度で制御される．そして滑り面が原子スケールで平坦になってしまえば，滑り面全体が先に述べた真実接触面になってしまう．機械要素の典型的な大きさを L とすると，この場合，摩擦力は滑り面全体で発生するので L^2 に比例することになる．一方，駆動力は一般には機械要素の体積に比例する，すなわち L^3 に比例する．L が小さくなるほど，L^3 に比例する駆動力に比べ相対的に L^2 に比例する摩擦力が大きくなり，機械は動けなくなってしまう．したがってナノマシーンが動くかどうかは，ナノスケールの摩擦の制御にかかっているということができる．

この図のナノモーターは，軸受けとして多層の**カーボンナノチューブ**を使うことによって成功を収めている．カーボンナノチューブは，炭素からなる6員環を並べたシート，すなわちグラフェン(1層のグラファイト)を巻いた構造をしており，一般には多層の構造を作る．層間の回転方向の摩擦はきわめて小さい．図のナノモーターはカーボンナノチューブのこの特性を利用して成功しているのである．

前節で流体潤滑を極限で応用している例として磁気ハードディスクを紹介した．デジタル・ハイビジョンなどの登場により記憶装置の容量に対する要求は，ますます強くなっている．容量(記憶密度)をさらに増やすため，新たな記憶機構が活発に研究されている．その1つが原子間力顕微鏡を使った記憶装置である．これは試料表面の原子・分子スケールの構造によって記憶させようというもので，高分子のフィルムに熱した原子間力顕微鏡の針先を押しつけて凹みを作り記憶させ，読み込む際には針先でその凹を検出する．そして大量のデータを高速で読み書きす

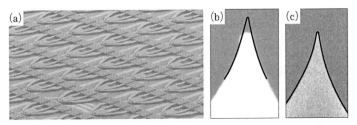

図 1.19 原子間力顕微鏡を使った記憶装置．(a)で魚の鱗のように見えている一つ一つが原子間力顕微鏡のカンチレバー(持ち出し梁)であり，その先端に上向きに針がついている．(b)に摩耗した針，(c)に摩擦・摩耗を制御して使用後の針を示す．スケールバーは(a) 40 μm，(b)(c)100 nm である．(E. Gnecco: Nature, **461**, 178 (2009) より)

るため，図 1.19(a)に示すように針を多数用意し同時に働かせる．これにより 1 平方インチ($(2.54\,\mathrm{cm})^2$)当たり 1 Tbit の記憶容量を実現している．このような記憶装置の問題は使用により図(b)に示すように針先が摩耗し，誤動作が増えてしまうことである．しかし，摩擦・摩耗を制御することにより図(c)に示すように摩耗を測定精度の範囲内で除くことができる．これについては 4.1 節で紹介する．

今日の大きな問題として環境問題・省エネルギー問題がある．自動車の燃費の向上は，この問題の解決の大きな部分を占める．ガソリンエンジンには，常にそれを安定した回転速度，負荷の領域で運転するため，トランスミッション(変速機構)が必要である．このトランスミッションには，いくつかの種類があるが，そのうち，ギア比を連続的に変えられる**無段変速機**(continuous variable transmission, **CVT**)が，常に最適なギヤ比が選べるため燃費の面で有利である．図 1.20 に日本のメーカー数社の協力によって開発された，CVT の機構の一種であるトロイダル CVT を示す．

1.5 近年の発展

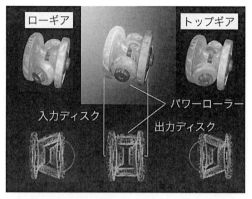

図1.20 CVTの一種であるトロイダルCVT（商品名エクストロイドCVT）．エンジンの動力は左側の入力ディスク，パワーローラーを介して右側の出力ディスクに伝わる．パワーローラーの傾きを連続的に変えることにより入力ディスクと出力ディスクの回転半径が変わり，ギヤ比も連続的に変化する．日産自動車提供．

　左にある入力ディスクと右にある出力ディスクの間に，動力を伝達するパワーローラーがある．この回転軸を図のようにずらすことにより，入力側と出力側の回転半径を変えギヤ比を変化させる．ロスを小さくして動力を伝達するためには，ディスクとローラーの間では滑りが起こらないように摩擦力は大きいほうがよい．一方，ギヤ比を変えるときには，スムースな滑りが要求される．このように，摩擦をある場合には小さく，ある場合には大きくしなければならない．また，長時間の使用に耐えるように摩耗を押さえるのも重要である．このように，摩擦・潤滑・摩耗の高度な制御が必要となる．このシステムでは，ディスク，ローラーを工夫することはもちろん，潤滑剤の原子・分子論的見地からの設計によってその要求を満たしている．

　環境問題・省エネルギー問題の解決のためには，このような

原子・分子レベルからの摩擦・潤滑・摩耗の機構の解明，制御が必要とされる．それは物理学，物質科学の問題としても未解決できわめて興味深い問題である．

　現在，原子・分子レベルからの摩擦の挙動・機構解明，そこから出発した摩擦の制御が，社会的にも学問的にも強く要請され，そのための準備が整いつつある段階だといえよう．

2
アモントン–クーロンの法則の成立機構

 この章では,アモントン–クーロンの法則が成り立つ機構を調べよう.まず真実接触面積の荷重依存性を議論したあと,動摩擦力が速度に依存しない機構を論ずる[4][5][7][8].

■2.1 真実接触面積

########## 1つの真実接触点での弾性接触

 アモントン–クーロンの法則が成り立つ機構を考えよう.前章で説明したように現実のマクロな固体の表面は凸凹しており,2つの固体を接触させたとき,本当に接触しているのは両者の表面の凸の一部である.固体表面の凸をアスペリティ(asperity)*,本当に接触している部分を真実接触点と呼ぶ.真実接触点では,分子間または原子間相互作用による凝着(結合)が生まれる.一方の固体に力を加え滑り運動を起こすためには,この真実接触点での凝着を切らなければならない.そのために必要な力が摩

---

 * 地震学ではアスペリティはちょっと異なった意味で使われる.

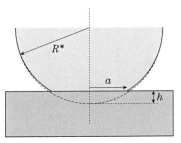

図 2.1　剛体平板に押しつけられた曲率半径 R^* の球の弾性変形.

擦力である.

　そして，この真実接触点の総面積である真実接触面積が，荷重に比例し見かけの接触面積に依らないことが，摩擦力が荷重に比例し見かけの接触面積に依らない理由であると考えられている．ここではまず，その真実接触面積の振る舞いをみていこう．

　最初に，1 つのアスペリティを剛体平板に押しつけたときの接触を弾性体力学に基づいて考える[16]．簡単のためアスペリティを図 2.1 に示すような曲率半径 R^* の球の一部であると近似し，剛体平板に荷重 δW で押しつけられ弾性変形しているとする．

　接触面の円の半径を a，アスペリティの変形の大きさを h とし，$a \ll R^*$ の状況を考える．すると，幾何学的に $a^2 \sim R^* h$ となる．接触点の平均の圧力 $\bar{p}$ は $\bar{p} \sim \delta W / a^2$ である．一方，変形の特徴的な長さのスケールは a なので，変形はアスペリティ内部の深さ a の程度まで及ぶことになる．したがって，ある長さにおける変形の大きさの割合である歪み（ストレイン）ϵ は h/a の程度 $\epsilon \sim h/a$ である[8]．弾性論より $\bar{p}$ はヤング率 E を用いて $\bar{p} \sim E\epsilon$ と表されるので，$\bar{p} \sim Eh/a$ となる．これらを使うと，

$$a \sim \left(\frac{R^*\delta W}{E}\right)^{1/3}, \quad h \sim \left(\frac{\delta W^2}{R^* E^2}\right)^{1/3}, \quad \bar{p} \sim \left(\frac{E^2 \delta W}{R^{*2}}\right)^{1/3} \tag{2.1}$$

を得る.ここで考えている問題は弾性体力学で**ヘルツ接触**と呼ばれる有名な問題であり,実は厳密に解くことができる[16].その結果を以下に記す.

$$a = \left(\frac{R^*\delta W}{E^*}\right)^{1/3}, \quad h = \left(\frac{\delta W^2}{R^* E^{*2}}\right)^{1/3}, \quad \bar{p} = \frac{1}{\pi}\left(\frac{E^{*2}\delta W}{R^{*2}}\right)^{1/3} \tag{2.2}$$

$$\frac{1}{E^*} = \frac{3}{4}\frac{1-\nu^2}{E} \tag{2.3}$$

ここで,Eは球のヤング率,νはポアソン比(=横歪み/縦歪み)である.上記の物理的考察より求めた式(2.1)が半定量的に正しいことがわかる.

これまで,球と剛体平板の間の接触を考えてきたが,曲率半径R_1, R_2の2つの球の接触の問題に対しても,上の結果は容易に拡張でき,式(2.2)(2.3)で

$$\frac{1}{R^*} = \frac{1}{R_1} + \frac{1}{R_2} \tag{2.4}$$

$$\frac{1}{E^*} = \frac{3}{4}\left(\frac{1-\nu_1^2}{E_1} + \frac{1-\nu_2^2}{E_2}\right) \tag{2.5}$$

と置き換えればよい.E_1, E_2, ν_1, ν_2はそれぞれ2つの球のヤング率とポアソン比である.2つのアスペリティの真実接触面積δA_rは式(2.1)(2.2)より

$$\delta A_\mathrm{r} = \pi a^2 \propto \delta W^{2/3} \tag{2.6}$$

となり,荷重δWには比例しない.ここでは,球と球の接触の問

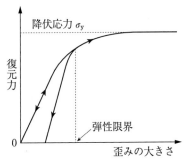

図 2.2 弾性変形と塑性変形.弾性限界をこえると塑性変形がおこり,外力を取り除いても歪みは 0 にもどらない.

題を考えたが,一般の形状のアスペリティでも曲率で先端の形状が記述できる限りは,ここで得た結果を用いることができる.

したがって,1 組のアスペリティからなる 1 つの真実接触点だけを考える限り,または複数の同じような真実接触点だけを考える限り,弾性変形では真実接触面積は荷重に比例せず,アモントン-クーロンの法則を説明することはできない.

············塑性変形と降伏応力

真実接触面積が荷重に比例する機構として,まず考えられたのが塑性変形の効果である.1.2 節で見たように,真実接触面積は見かけの接触面積に比べて 1/100 程度以下と非常に小さく,そのため,真実接触点の圧力はきわめて高くなり,降伏応力に達していると考えられる.

一般に固体を歪ませると,図 2.2 に示すように,歪みが小さい間,歪みと復元力は比例する(フックの法則).しかし,歪みが大きくなるとその比例関係が破れ,弾性限界を超え塑性変形

をはじめる．さらに歪みが大きくなると復元力の増加は次第に緩やかになり，ついにはある一定の値となる．このときの単位面積あたりの復元力を**降伏応力**（図では σ_y）という．

真実接触点での圧力はこの降伏応力に達していると考えよう．すべての真実接触点での圧力が一定なので，面にかかる荷重 W は真実接触面積 A_r に比例する．A_r は

$$A_r = \frac{W}{\sigma_y} \qquad (2.7)$$

で与えられ荷重 W に比例し，これよりアモントン–クーロンの法則が説明される．

………… 表面の高さ分布による説明

2.1 節では弾性変形の範囲で 1 つのアスペリティの接触を考えた．そして，真実接触面積は荷重に比例しないことをみてきた．前節では塑性変形を考えれば，真実接触面積は荷重に比例することを示した．しかし，その比例関係が成り立つには，すべての真実接触点での圧力が降伏応力に達していなければならない．

実際のマクロな物体の表面には，多くのアスペリティがある．それらの高さは様々である．そうすると，真実接触点を形成していても弾性領域にとどまっているアスペリティも当然あるだろう．また，精密機械で表面が十分制御されているような場合，アスペリティの高さの分布の広がりは小さく，真実接触面積が見かけの接触面積に占める割合は大きく，真実接触点での圧力はそれほど高くならないであろう．

ここでは，高さの異なる多数のアスペリティが分布している現実的な場合を考え，弾性変形の範囲内でも真実接触面積は荷

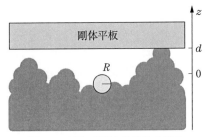

図2.3 表面の凸凹を曲率 R の球の並びで近似する.

重に比例することを示そう.

一般の場合を考えるのは難しいので，図2.3のようにアスペリティはすべて同一の曲率 R をもった球の一部の形をしていると近似する．ここで平均の高さを基準にとり，そこから測って高さ z を持つアスペリティの数を $N \cdot P(z)$ とする．N は全アスペリティの数で $P(z)\mathrm{d}z$ はアスペリティが高さ $z\sim z+\mathrm{d}z$ をもつ確率であり，

$$\int_{-\infty}^{\infty} P(z)\mathrm{d}z = 1 \qquad (2.8)$$

と規格化されているとする．ここに剛体平板を上から押しつけ，高さが d 以上のアスペリティは剛体平板と接触したとする．すると全真実接触点の数 N_r は

$$N_\mathrm{r} = \int_d^{\infty} N \cdot P(z)\mathrm{d}z \qquad (2.9)$$

で与えられる.

まずある1つのアスペリティを考え，その接触面積を $\delta A_\mathrm{r} = \pi a^2$ とする．ここで a は接触部分の円の半径である．いま考えているのは球形のアスペリティと平板の間の接触なので，式(2.2)より

$$\delta A_\mathrm{r} = \pi a^2 = \pi R h = \pi R(z-d) \qquad (2.10)$$

である．また，1つのアスペリティにかかる荷重 δW は(2.2)の2番目の式より

$$\delta W = E^* R^{1/2}(z-d)^{3/2} \qquad (2.11)$$

となる．全真実接触面積 A_r，全荷重 W は $\delta A_\mathrm{r}, \delta W$ を，接触しているすべてのアスペリティについて積分して

$$A_\mathrm{r} = \int_d^\infty N\cdot P(z)\delta A_\mathrm{r}\mathrm{d}z = \int_d^\infty N\cdot P(z)\pi R(z-d)\mathrm{d}z \qquad (2.12)$$

$$W = \int_d^\infty N\cdot P(z)\delta W\mathrm{d}z = \int_d^\infty N\cdot P(z)E^* R^{1/2}(z-d)^{3/2}\mathrm{d}z \qquad (2.13)$$

と与えられる．

これ以上，計算を進めるためにはアスペリティの高さ分布 $P(z)$ の形を決める必要がある．ここではガウス分布を仮定しよう．ほとんどの実用的な表面の高さ分布は，ほぼガウス分布をしている．しかし，以下で得られる結論は分布の形の詳細にはよらない．全アスペリティのうち真実接触点を形成しているアスペリティの割合が十分少なければよい．真実接触面積は，多くの場合，見かけの接触面積の 1/100 程度以下なので，この仮定は満たされる．

ここで

$$P(z) = \left(\frac{1}{2\pi \Delta z^2}\right)^{1/2} \exp\left[-\frac{z^2}{2\Delta z^2}\right] \qquad (2.14)$$

とおく．Δz は表面粗さの標準偏差，すなわち $\sqrt{\langle z^2 \rangle}$ である．真

実接触点を形成しているアスペリティは $z>d$ を満たすものである．もともと，真実接触点を形成するアスペリティは少ないので，$d>\Delta z$ である．z が d より大きくなるに従って，アスペリティの数 $NP(z)$ は急激に少なくなる．したがって積分 (2.12)(2.13) に主に寄与するのは $z\gtrsim d$ のアスペリティである．よって式 (2.14) において，指数関数の肩を $z=d$ の周りで展開して，$(z-d)$ の 1 次までとれば十分である．これより

$$P(z) = C\exp[-\lambda(z-d)] \qquad (2.15)$$

と近似できる．ここで，

$$C = \left(\frac{1}{2\pi\Delta z^2}\right)^{1/2} \exp\left[-\frac{d^2}{2\Delta z^2}\right] \qquad (2.16a)$$

$$\lambda = \frac{d}{\Delta z^2} \qquad (2.16b)$$

である．式 (2.15) を式 (2.9)(2.12)(2.13) へ代入して

$$N_\mathrm{r} = CN/\lambda \qquad (2.17)$$

$$A_\mathrm{r} = \pi CNR/\lambda^2 \qquad (2.18)$$

$$W = \frac{3}{4}\sqrt{\pi}CNE^*R^{1/2}\lambda^{-5/2} \qquad (2.19)$$

を得る．式 (2.16a)(2.19) を変形すると，

$$\left(\frac{d}{\Delta z}\right)^2 = 2\ln\left[\frac{3NE^*R^{1/2}}{4\sqrt{2}\,\Delta z W}\right] - 5\ln\lambda \qquad (2.20)$$

となる．荷重 W を変えると d が変わる．しかし上の式からわかるように，その変化は $\ln W$ で決まるので非常に小さい．そのときの式 (2.16b) で決まる λ の変化も小さい．したがって，式 (2.17)(2.18)(2.19) において W を変化させた場合，λ の変化は無視し，d に指数関数的に依存する C の変化だけを考えれば

十分である．

すると式(2.19)より W と C は比例し，また式(2.18)より C と A_r も比例する．これより真実接触面積 A_r は荷重 W に比例し

$$\frac{A_r}{W} = \frac{4\sqrt{\pi\lambda R}}{3E^*} \qquad (2.21)$$

となる．真実接触面積が荷重に比例し，かつ見かけの接触面積に比例する全アスペリティ数 N に依らないのだから，アモントン-クーロンの法則のうち

（1）摩擦力は見かけの接触面積に依らない

（2）摩擦力は接触面での荷重に比例する

が説明されたことになる．1つずつの真実接触点の面積は荷重に比例しなくとも，高さの異なる多くの真実接触点が集まれば，全体の真実接触面積は荷重に比例し，アモントン-クーロンの法則が成立する．真実接触点という1つの構成要素と，それが多数集まっている表面全体では，示す性質が異なるのである．

また，1つの真実接触点の平均の面積 A_r/N_r は

$$\frac{A_r}{N_r} = \pi\frac{R}{\lambda} \qquad (2.22)$$

で与えられ，W に依らず一定となる．つまり，荷重 W を大きくして真実接触面積 A_r が増えても，個々の真実接触点の平均の面積は変わらないのである．ある荷重 W_1 のもとで形成されていた真実接触点は，$W_2>W_1$ の荷重のもとでは d の減少により，当然その面積を増加させる．真実接触点の平均の面積が変わらないためには，荷重を増やしたとき次々と新しい微小な真実接触点が生まれなければならない．それらの面積は誕生直後は小さいが荷重の増加とともに成長し，また微小な真実接触点がどこかにできる．この様子は図1.8に示したダイエトリッヒ(Dieterich)らに

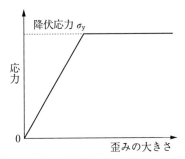

図 2.4 歪みの大きさと応力の関係のモデル．

よる荷重を変えての真実接触点の観測結果にもよく現れている．

ここまではすべてのアスペリティが弾性変形をすると仮定してきた．アスペリティの高さには分布があるため，ほとんどのアスペリティが弾性領域にあるとしても，塑性領域にあるアスペリティも存在するだろう．この塑性領域にあるアスペリティの割合を評価してみよう．簡単のため応力と歪みの大きさの関係を，図 2.4 に示すような単純な形でモデル化する．

弾性変形の場合の，高さ z をもった 1 つのアスペリティの真実接触面積および荷重は式 (2.10)，(2.11) で与えられているので，そのアスペリティの平均の圧力 $p(z)$ は

$$p(z) = \frac{E^*}{\pi} \left[(z-d)/R\right]^{1/2} \quad (2.23)$$

となる．これが降伏応力 σ_y より大きければ，そのアスペリティは塑性変形をしていることになる．ここでアスペリティの高さ z_1 を塑性変形をはじめる臨界的な高さとする．

$$p(z_1) = \sigma_y \quad (2.24)$$

これより，真実接触点を形成しているアスペリティのうち塑性

変形しているものの割合 E_{pla} は，式(2.15)を使って

$$E_{\mathrm{pla}} = \frac{\int_{z_1}^{\infty} \mathrm{d}z P(z)}{\int_{d}^{\infty} \mathrm{d}z P(z)} = \exp\left[-\lambda(z_1 - d)\right] = \mathrm{e}^{-\psi} \quad (2.25)$$

とおくことができる．ここで，

$$\psi = \frac{\pi^2 R \sigma_{\mathrm{y}}^2 d}{E^{*2} \Delta z^2} \quad (2.26)$$

は塑性変形しているアスペリティの割合を示す指標である．いま，$d/\Delta z \sim 2.5$ とおくと

$$\psi = \frac{2.5\pi^2 \sigma_{\mathrm{y}}^2 R}{\Delta z E^{*2}} \approx 20 \frac{R}{\Delta z} \left(\frac{\sigma_{\mathrm{y}}}{E^*}\right)^2 \quad (2.27)$$

となる．

この割合を現実の鋼の表面で評価してみよう．鋼では $E \sim 1 \times 10^{11}\,\mathrm{N/m^2}$，$\sigma_{\mathrm{y}} \sim 1 \times 10^9\,\mathrm{N/m^2}$ 程度なので $\psi \sim 0.002(R/\Delta z)$ となる．これより $R \lesssim 500\Delta z$ ならほとんどの真実接触点を形成しているアスペリティの圧力は降伏応力に達していることになる．

工業的な用途に用いられる表面でも比較的粗く加工されている場合，$R \approx 10 \sim 100\Delta z$ 程度であり，ほとんどの真実接触点は塑性変形していることになる．一方，よく磨かれた表面では $R \gtrsim 1000\Delta z$ となり，この場合は弾性変形の領域にあるアスペリティがほとんどである．どちらの場合にしても全真実接触面積は荷重に比例し，アモントン-クーロンの法則の(1)，(2)が成り立つことになる．ただし，前者(塑性変形)の場合は真実接触面積は $A_{\mathrm{r}} = W/\sigma_{\mathrm{y}}$ となり，これより摩擦係数は剪断強さ σ_{s} により

$$\mu = \frac{\sigma_\mathrm{s}}{\sigma_\mathrm{y}}$$

で与えられ，後者(弾性変形)では，式(2.21)より

$$\mu = \frac{4}{3}\frac{\sigma_\mathrm{s}}{E^*}\sqrt{\pi\lambda R}$$

となる．ここで σ_s は単位面積あたりの凝着を切る力である剪断強さである．一方，ψ が1程度，つまり弾性変形の領域にあるアスペリティと塑性領域にあるアスペリティの数が同程度となった場合については5.2節で議論する．

■2.2 速度に依存しない動摩擦力
── 真実接触点のスティック・スリップ運動

この節ではアモントン-クーロンの法則のうち，

(3) 動摩擦力は最大静摩擦力より小さく滑り速度に依存しない

について考えてみよう．固体表面の凸凹によりアスペリティどうしの間に真実接触点が形成され，そこでの凝着が摩擦力の原因と考えられている．前節では簡単のため接触している一方の表面は高さに分布のあるアスペリティから形成され，他方は剛体平板であると考えた．実際には，2つの物体の表面ともに高さに分布のあるアスペリティによって形成されている．

まず静止状態では2つの表面のアスペリティどうしが真実接触点をつくる．その状態から上の物体の表面に平行に外力を加え滑り運動を起こしたとき，図2.5のように，それらの真実接触点を形成するアスペリティはまず変形し，次に凝着が壊れ接触点は消滅する．一方，他のアスペリティの組がまた別の場所

図 2.5 滑り運動に伴う真実接触点の生成,変形と消滅は
各アスペリティのスティック・スリップ運動を引き起こす.

に真実接触点をつくり,そして変形し,消滅する.これを繰り返しながら,上の物体全体としては滑り運動を続ける.

このとき全体としては一定の速度で動いていても,真実接触点を生成し変形しそれを壊すことを繰り返す各アスペリティの運動はそうではない.真実接触点をつくっている間は凝着によってアスペリティはスティック状態にあり,全体としての一様な運動のため変形し,その近傍に弾性エネルギーが蓄積される.凝着が切れた瞬間にアスペリティはその貯まった弾性エネルギーによってスリップし,新たに生じた平衡状態の周りで振動する.やがて振動は緩和し止まる.このように全体としては一様な速度で運動していても,系の内部では局所的なスティック・スリップ運動を繰り返している.そして変形のとき蓄積した弾性エネルギーは,凝着の切断,スリップのときの高速運動,新たな平衡状態の周りでの振動などによって散逸し動摩擦力が生じる*.

このエネルギー散逸の速度スケールは,凝着を切断するエネルギーの緩和の速度,スリップ速度,その後の振動の緩和速度であるがどれも局所的な運動に伴うものであり,全体としての滑り運動の時間スケールに比べ十分速い.したがってそれぞれのスティッ

---

* 摩耗も動摩擦力に寄与する場合があるが,ここでは摩耗のない,または無視できる滑りを考えている.また真実接触点をつくるときには凝着エネルギーを得るが,これは滑り運動に寄与せず熱エネルギーとして散逸するだけであると考えられる.

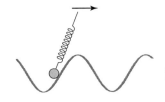

図2.6 プランドル-トムリンソンモデル.

ク・スリップ運動は独立で，1回のスリップによるエネルギー散逸の大きさは全体の滑り速度に無関係である．単位時間あたりの真実接触点の消滅回数，すなわち局所的なスリップの回数は滑り速度に比例するから，単位時間あたりのエネルギー散逸も滑り速度に比例する．エネルギー散逸は摩擦力のした仕事である．したがって 摩擦力×滑り速度＝単位時間あたりのエネルギー散逸 となるので，摩擦力が滑り速度に依らないことになる．このような局所的スティック・スリップ運動がアモントン-クーロンの法則の3番目の振る舞いが現れる機構だと考えられる．

じつはこのようなスティック・スリップ運動が起こるためには，弾性エネルギーを蓄えるアスペリティの有効バネ定数の大きさが局所的な凝着のエネルギーに比べ十分弱く，**弾性不安定性が起こり多重安定状態が存在する**ことが必要である．それをちょっと詳しくみてみよう．

いま問題はアスペリティによる真実接触点の形成，変形，破断とそれに続くスリップである．問題を簡単にするため，上の物体表面の1つのアスペリティに注目し，それを図2.6のように上の物体からバネでつながった質点として扱い，そのアスペリティと下の物体の表面との相互作用を周期ポテンシャルで置き換える．さらに問題を単純化して1次元モデルを考えることにする．その運動方程式は次のように表される．

$$m\frac{d^2x}{dt^2} = -\gamma \frac{dx}{dt} - \frac{d}{dx}U_{\text{tot}}(x, x_G) \tag{2.28}$$

$$\begin{aligned}U_{\text{tot}}(x, x_G) &= -U_p \cos(2\pi x/a) + \frac{1}{2}k(x_G - x)^2 \\ &= -\frac{a}{2\pi}F_p \cos(2\pi x/a) + \frac{1}{2}k(x_G - x)^2\end{aligned} \tag{2.29}$$

ここで x はいま注目している上の物体の 1 つのアスペリティの先端の座標,m はその有効質量,γ は速度に比例するエネルギー散逸の大きさを表す定数*,U_{tot} はそのアスペリティが下の物質の全アスペリティから受ける周期ポテンシャル

$$-U_p \cos(2\pi x/a) = -\frac{a}{2\pi}F_p \cos(2\pi x/a)$$

と,アスペリティの変形による弾性エネルギー

$$\frac{1}{2}k(x_G - x)^2$$

の和である.また $F_p \equiv \frac{2\pi}{a}U_p$ は,このポテンシャルのもたらす力の最大値,すなわち 1 つのアスペリティの最大静摩擦力,a は周期ポテンシャルの周期,k はアスペリティの有効バネ定数である.x_G はアスペリティの根本の座標であるが,いま 1 つのアスペリティしか考えていないので,上の物体の重心の座標と考えることができる.

このモデルは表面のアスペリティの高さ分布や非一様性を無視し,1 つのアスペリティにのみ注目し,上の物体の他の自由度を重心座標だけをもって表しており,プランドル–トムリンソンモデルと呼ばれる.いま,$\tilde{x} \equiv 2\pi x/a$ として $\tilde{x}$ を使って上の運動方程式を表すと

---

* アスペリティが運動するとそれは格子振動などを誘起し,それによりエネルギーは散逸する.γ はこの効果を表している.

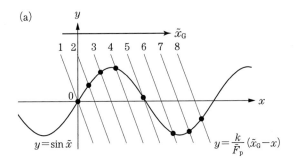

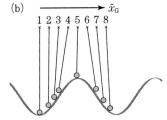

図 2.7 (a) $k/\tilde{F}_\mathrm{p} > 1$ の場合の解．異なる $\tilde{x}_\mathrm{G}$ の値に対応するバネの力を表す 1〜8 の直線が描いてある．任意の $\tilde{x}_\mathrm{G}$ に対して解は 1 つしかない．(b) (a)に対応したポテンシャル $-\tilde{F}_\mathrm{p}\cos\tilde{x}$ 中のアスペリティの動き．スティック・スリップ運動は起こらない．

$$m\frac{\mathrm{d}^2\tilde{x}}{\mathrm{d}t^2} = -\gamma\frac{\mathrm{d}\tilde{x}}{\mathrm{d}t} - \frac{\mathrm{d}}{\mathrm{d}\tilde{x}}\tilde{U}_\mathrm{tot}(\tilde{x},\tilde{x}_\mathrm{G})$$
$$= -\gamma\frac{\mathrm{d}\tilde{x}}{\mathrm{d}t} - \tilde{F}_\mathrm{p}\sin\tilde{x} + k(\tilde{x}_\mathrm{G}-\tilde{x}) \quad (2.30)$$

$$\tilde{U}_\mathrm{tot}(\tilde{x},\tilde{x}_\mathrm{G}) = -\tilde{F}_\mathrm{p}\cos\tilde{x} + \frac{1}{2}k(\tilde{x}_\mathrm{G}-\tilde{x})^2 \quad (2.31)$$

となる．ここで，$\tilde{F}_\mathrm{p} \equiv 2\pi F_\mathrm{p}/a$，$\tilde{x}_\mathrm{G} \equiv 2\pi x_\mathrm{G}/a$ である．

まず周期ポテンシャルからの力 $-\tilde{F}_\mathrm{p}\sin\tilde{x}$ とバネの力 $k(\tilde{x}_\mathrm{G}-\tilde{x})$ が釣り合った静止状態の解(静止解)を求める．それは方程式

$$\sin \tilde{x} = \frac{k}{\tilde{F}_\mathrm{p}}(\tilde{x}_\mathrm{G}-\tilde{x}) \tag{2.32}$$

の解である．この解の挙動は $k/\tilde{F}_\mathrm{p}$ が 1 より大きいか否かによって異なる．それをグラフを使って議論する．

図 2.7(a) に $k/\tilde{F}_\mathrm{p}>1$ の場合の解を示す．周期ポテンシャルからの力を表すサイン曲線とバネの力を表す直線の交点が解である．1〜8 の直線は異なる $\tilde{x}_\mathrm{G}$ の値に対応したバネの力を表している．この場合，任意の $\tilde{x}_\mathrm{G}$ に対して解は 1 つしかない．つまり，上の物体がどこにあってもアスペリティの位置は一通りに決まる．

次に，上の物体が十分ゆっくり準静的に動くときを考える．$\tilde{x}_\mathrm{G}$ が準静的に増加し，それに伴い図 2.7(a) のバネの力を表す直線も右に移動し，解の値も準静的に増加する．$\tilde{x}_\mathrm{G}$ の増加に伴いバネの力を表す直線が 1 から 8 まで動いていくとき，周期ポテンシャル中の，アスペリティの動きを示したのが，図 2.7(b) である．解が準静的に変化することに対応し，アスペリティも準静的に連続的に移動し，スティック・スリップ運動は起こらない．最大静摩擦力は F_p である．動摩擦力，すなわちバネの力 $k(\tilde{x}_\mathrm{G}-\tilde{x})$ は解の移動とともに時間的に振動するが，その時間平均は準静的な運動，すなわち上の物体の速度 0 の極限では速度に比例する散逸項 $-\gamma \dfrac{\mathrm{d}\tilde{x}}{\mathrm{d}t}$ が無視できるので，図 2.7 の解に対応した力の平均となる．解は図 2.7(a) で y の正負に対して対称に存在するので，動摩擦力は 0 となる．

一方，$k/\tilde{F}_\mathrm{p}<1$ の場合は，図 2.8(a) に示すようにある範囲の $\tilde{x}_\mathrm{G}$ に対しては複数の静止解が存在する．この場合に，$\tilde{x}_\mathrm{G}$ が準静的に増加したときのその解の振る舞いをみていこう．最初アスペリティの根本の座標 $\tilde{x}_\mathrm{G}$ は，図のバネの力を表す直線のうち

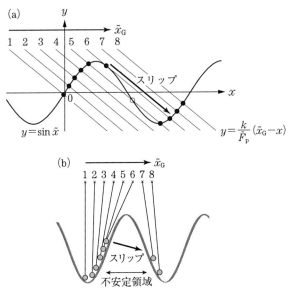

図 2.8 (a) $k/\tilde{F}_p < 1$ の場合の解. 異なる $\tilde{x}_G$ の値に対応するバネの力を表す 1〜8 の直線が描いてある. ある範囲の $\tilde{x}_G$ に対して複数の解が存在する. 黒丸で表したのが安定解, 白丸が不安定解である. (b) (a) に対応したポテンシャル $-\tilde{F}_p \cos \tilde{x}$ 中のアスペリティの動き. 不安定領域が存在し, スティック・スリップ運動が起こる.

1 の直線に対応した値をとり, アスペリティはこのときの唯一の解 (サイン曲線との交点) に対応する位置にあったとする. $\tilde{x}_G$ が準静的に増加すると, バネの力を表す直線は 1, 2, 3, 4 と右へ移動し, 解の値も準静的に増加する. 対応するポテンシャル中のアスペリティの動きを図 2.8(b) に示す. $\tilde{x}_G$ がさらに増加し, 図 2.8(a) でバネの力を表す直線が 5 になると, 右にさらに白丸と黒丸で表される 2 つの解が現れる.

いま, 解の安定性の条件は, 解の周りの揺らぎに対して復元力が働く条件, すなわち

$$\frac{\mathrm{d}^2}{\mathrm{d}\tilde{x}^2}\tilde{U}_{\mathrm{tot}}(\tilde{x},\tilde{x}_{\mathrm{G}}) = \tilde{F}_{\mathrm{p}}\cos\tilde{x}+k > 0 \qquad (2.33)$$

である．これから，この3つの解のうち，両端の解は安定，中央の解は不安定であることがわかる．不安定解の存在は粒子が安定に存在できない領域，すなわち不安定領域があることを示している．この不安定領域はその両側の安定な解の存在する安定領域の間の，$\tilde{U}_{\mathrm{tot}}$ のエネルギーバリアーになっている．1, 2, 3, 4の解から連続的に移った5の1番左の解が安定で，他の安定解(右の黒丸)との間にはエネルギーバリアーがあるので，アスペリティも1番左の解の状態にあり，準静的に動く．これは最初の安定解の状態の近傍にアスペリティがスティックしていることに対応する．

図2.8(a)で直線5に対応した値から $\tilde{x}_{\mathrm{G}}$ が増加すると，左の安定解は右に，不安定解は左に移動する．さらに $\tilde{x}_{\mathrm{G}}$ が準静的に増加し6の直線に対応した状態になると，左の安定解が不安定解と一緒になる．これ以上わずかでも $\tilde{x}_{\mathrm{G}}$ が増加すると，この解は消えてしまう．そこでアスペリティは唯一の解である右の交点に移る．このときアスペリティは，最初の安定解が消滅してしまい同時に不安定解も消え，$\tilde{U}_{\mathrm{tot}}$ のエネルギーバリアーがなくなったので，図2.8に示すように，バネに引っぱられて新たな安定解にスリップする*．

スリップのときの速度は大きいが，そのエネルギーは結局すべて $-\gamma\dfrac{\mathrm{d}\tilde{x}}{\mathrm{d}t}$ の項により散逸し動摩擦に寄与する．この有効バネ定数と凝着の強さの比が小さい場合に不安定領域が現れることを，弾性不安定性という．

---

* $k/\tilde{F}_{\mathrm{p}}$ の大きさによってはさらに多くの安定解が存在し，アスペリティはそれらの間をスティック・スリップしていくことになる．

いまトムリンソンモデルの静止解を考え，次に $\tilde{x}_\mathrm{G}$ が準静的に増加するときの解の挙動をみた．次に $\tilde{x}_\mathrm{G}$ の運動がゆっくりだが有限の速度をもつ場合を考えよう．何に比べて十分ゆっくりかといえば，それはスリップの速度とスリップ後に現れるアスペリティの振動の緩和速度である．このとき x はスリップのとき以外にも有限の速度で運動するので，そこでも γ の項による散逸が生じ動摩擦力への寄与がある．その寄与は $\gamma \times (\tilde{x}_\mathrm{G}$ の速度$)$ の程度である．しかし $k/\tilde{F}_\mathrm{p}$ が 1 より十分小さく，大きなスリップを起こす場合は，スリップとその後の振動の間のエネルギー散逸からの動摩擦力への寄与が主要になる．この寄与は，$\tilde{x}_\mathrm{G}$ の運動が上の条件を満たすなら，その速度に依らない．したがって，平均の動摩擦力は重心の滑り速度に依らないことになる．この，アスペリティが受けるポテンシャルの振幅とアスペリティのバネ定数の比で決まる，スティック・スリップ運動が現れるか否かの遷移は，4.1 節で紹介するように，原子スケールの摩擦現象では実験的に確認されている．

一方，$k/\tilde{F}_\mathrm{p}$ が 1 より大きく，スティック・スリップ運動が起こらない場合は，速度が 0 の極限では動摩擦力は先に見たように 0 であり，このとき動摩擦力は速度について展開可能なので，低速度では速度に比例すると考えられる．

大きなスリップを起こす系では動摩擦力が速度に依らなくなることも，4.5 節でみるように原子スケールの摩擦のシミュレーションでは確認されている．また，いまの結果がアモントン-クーロンの法則の動摩擦力の振る舞いを再現したことから，アモントン-クーロンの法則が成り立つ現実の物質のそれぞれのアスペリティはスティック・スリップ運動を起こす条件 $k/\tilde{F}_\mathrm{p}<1$ を満たしており，かつスリップのときのエネルギー散逸が動摩

擦への主要な寄与を与えていると考えられる．すなわち，局所的なスティック・スリップ運動が，動摩擦力が速度に依存しない原因なのである．

しかし，図 1.12 で見たように，広い速度領域でみるとほとんどの物質では弱いながらも動摩擦力は速度に依存し，アモントン–クーロンの法則は第 1 近似的なものであることがわかっている．そしてこの速度依存性が，物体全体としてのマクロなスティック・スリップが起こるか否かに影響する．これについては次章で議論する．また，一度にスリップする部分の大きさについても 5.2 節で議論する．

3
変化する摩擦係数

アモントン-クーロンの法則では，静摩擦係数と動摩擦係数は一種の物質定数である*．しかし，よく調べるとこれらは時間や速度とともに変化する．なぜだろうか[4][5][7][8][9][17]．

■**3.1 摩擦の速度・待機時間依存性**

前章でアモントン-クーロンの法則の成立機構を議論してきたが，この法則は常に成り立つわけではない．というよりも，ある限られたパラメーター領域でのみ成り立つ，といったほうが適当だろう．特に2.2節で議論した動摩擦力については，1.3節でみたように，広い速度領域で観測すると速度に依存する．そして多くの物質では，速度の増加とともに減少する対数関数型の依存性を示す．動摩擦力が速度に依らず最大静摩擦力より小さくみえる理由も，動摩擦力が対数関数的という弱い速度依存性しか持たず，ある程度速い限られた速度領域だけを観測して

---

* 表面状態によって変わるので，表面定数とでも呼ぶべきかもしれない．

いるのでその依存性がみえず，最大静摩擦力よりは小さくみえると考えられる．さまざまな系の中には，摩擦力が速度の増加とともに増大するものもある．後に議論するように，速度の増加とともに動摩擦力が減少するか，増加するかが大きな役割を果たす現象が存在する．地震を初めとするスティック・スリップ運動である．

2.2節で，各真実接触点を作るアスペリティのスティック・スリップ運動が散逸の主要な過程となるため，動摩擦力は全体の滑り速度に依存しなくなると考えたが，この議論ではそのような速度依存性は出てこない．この対数関数型の速度依存性をもたらす機構は，次節以降で詳しくみるように2つあると考えられている*．そのうちの1つは**クリープ運動****と呼ばれる熱活性化型の運動である．

1つの真実接触点が滑り運動により剪断される場合を考える．滑り運動に伴い，その真実接触点を形成するアスペリティの変形が次第に大きくなり弾性エネルギーが蓄積し，その復元力が真実接触点での凝着を切るのに必要な力に達したとき，真実接触点が消滅しアスペリティがスリップすると2.2節で説明した．しかし，これは熱揺らぎの効果を無視した場合の話である．実際はほとんどの滑り面で熱揺らぎの効果は無視できず，そこでは弾性エネルギーによる復元力が剪断に要する力に達しなくとも，熱揺らぎの助けを借りて真実接触点での凝着を切ることができる．ゆっくり動く場合はこの熱揺らぎの助けを借りて凝着を切

---

* この章の内容については F. Heslot, T. Baumberger, B. Perrin, B. Caroli and C. Caroli: Phys. Rev., **E49**, 4973 (1994); J. H. Dieterich and B. D. Kilgore: Pure and Appl. Geophys., **143**, 283 (1994) も参考になる．
** 這うようにゆっくり進む運動．

る，すなわち熱揺らぎの助けを借りて凝着を切るために必要なエネルギーバリアーを登ればよい．したがって弾性エネルギーによる復元力が小さいうちにスリップする．弾性エネルギーによる復元力が摩擦力であるから，このとき動摩擦力は小さくてすむことになる．一方，滑り速度が大きい場合，熱揺らぎの助けを借りる前に弾性エネルギーによる復元力が剪断に要する力に達して，凝着を強制的に切ることになる．このとき動摩擦力は大きくなる．したがって，この熱活性化型の機構は**速度強化**の動摩擦力をもたらす．

しかし，もう1つの機構は速度の増加とともに対数関数的に減少する動摩擦力——**速度弱化**の動摩擦力——をもたらす．これは真実接触面積が各真実点の接触時間とともに増加することから生じる．図1.8でみたように，多くの物質の最大静摩擦力は2つの物体間に荷重をかけてから摩擦力を測定するまでの待機時間とともに対数関数的に増大する．このような振る舞いは，図1.13に示すように厚紙に限らず多くの物質で観測される．これは真実接触面積の増加がもたらす効果である．

実際，ダイエトリッヒらは光学的に2枚のアクリルガラス(PMMA)板間の真実接触点を観測し，真実接触面積が時間とともに増加することを見いだしている．PMMA板間に10 MPaの圧力を加えた場合の待機時間の増加による真実接触点の像の変化を図3.1に示す．時間とともに既存の真実接触点が成長し，同時に新たな真実接触点が生まれてくるのがわかる．これは図1.8でみた真実接触面積が荷重とともに増加するときの振る舞いと同じである．真実接触面積の待機時間依存性は対数関数的である．これは後で説明するように転位がクリープ運動することにより塑性変形が起こるためであり，熱揺らぎの効果の1つであ

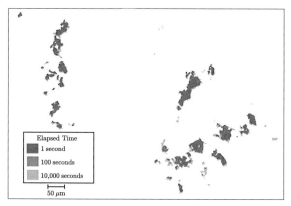

図3.1 PMMA板間の真実接触面積が待機時間とともに増加する様子.（J. H. Dieterich and B. D. Kilgore: Pure and Appl. Geophys., **143**, 283 (1994) より）

る．これにより最大静摩擦力は，待機時間とともに対数関数的に増大することになる．

　この真実接触面積の時間変化の，動摩擦力への効果を考えよう．滑り運動をするとき，物体の表面では次々に真実接触点が形成され，運動がさらに進むと壊される．真実接触点の平均の寿命は滑り速度に反比例する．その寿命の間すなわち接触の間，各々の真実接触点は塑性変形し，その面積を増大させる．滑り速度が遅いとその平均の寿命がより長くなり，平均の真実接触面積はより大きくなり，それを壊す摩擦力も大きくなる．滑り速度が大きくなれば面積が増大する前に真実接触点は壊れてしまうので，動摩擦力は小さくなる．このようにこの機構は速度弱化の動摩擦力をもたらす．

　一般に動摩擦力が速度とともに小さくなれば，一定速度の運動は不安定となりスティック・スリップ運動を起こす．このスティック・スリップ運動を抑えるために通常行われることは，系

を駆動するバネを硬くすることである．実は，動摩擦力がその瞬間の速度だけに依存する場合，バネをいくら硬くしてもスティック・スリップ運動を抑えることはできない．このことを先ず見てみよう．

摩擦力 F_{fric} がその瞬間の物体の重心の速度 $\dfrac{dx_G}{dt}$ だけで決まる，すなわち，$F_{\text{fric}} = F_{\text{fric}}(\dfrac{dx_G}{dt})$ と表されるとしよう．ここで x_G は物体の重心の座標である．一定速度 v_d で運動するバネで引っぱられる質量 m の物体の運動方程式は，バネ定数を k として次のように表される．

$$m\frac{d^2 x_G}{dt^2} = -F_{\text{fric}}(\frac{dx_G}{dt}) + k(v_d t - x_G) \tag{3.1}$$

ここで，物体がある一定速度 v で定常運動し，重心座標 x_G は x_0 を定数として，$x_G = vt + x_0$ と表されるとすると，運動方程式から $v = v_d$，$-F_{\text{fric}}(v) - kx_0 = 0$ である．この状態からの揺らぎ δx を考えると，$x_G = vt + x_0 + \delta x$ であり，運動方程式は

$$m\frac{d^2 \delta x}{dt^2} = -F_{\text{fric}}(v + \frac{d\delta x}{dt}) + k(v_d t - vt - x_0 - \delta x)$$
$$\simeq -\frac{dF_{\text{fric}}(v)}{dv}\frac{d\delta x}{dt} - k\delta x \tag{3.2}$$

となる．ここで，$\delta x = \delta x_0 e^{\omega t}$ として ω についての 2 次方程式を解けば，$\dfrac{dF_{\text{fric}}(v)}{dv} < 0$ の場合，バネ定数 k の大きさに依らず常に正の ω が解として存在することがわかる．つまり，揺らぎ δx は時間とともに指数関数的に増大する．よって速度の増加とともに摩擦力が減少する場合，一定速度で運動する状態は常に不安定である．

ではなぜ，硬いバネでスティック・スリップ運動を抑えることができるのだろうか．これも真実接触面積の時間変化の効果

である.真実接触面積の時間変化の効果は各真実接触点の寿命を通じて現れるが,速度が変化した場合,新しい速度に対応した寿命に達するまでにある程度の時間が必要となる.そのため,摩擦力はその瞬間の滑り速度だけでは決まらなくなり,それまでの過去の履歴に依存するようになる.バネを硬くしてスティック・スリップ運動を抑えることができる,ということは動摩擦力が過去の履歴によることを示している*.

3.2 摩擦の構成則

この2つの効果,アスペリティのクリープ運動と真実接触面積の時間変化の効果,を現象論的に取り入れた摩擦の法則——**摩擦の構成則**——が多くの研究者によって提案されている.そのような研究のきっかけになったのは,図3.2に示す駆動速度を急激に変えたときの摩擦係数の振る舞いである.この図で横軸は滑り距離,縦軸は摩擦係数である.さまざまな物質の摩擦係数を駆動速度を途中で急激に変化させて測定している.

共通してみえる特徴は,速度を上げた瞬間には摩擦力が急激に増大し,その後より小さな定常値に緩和する,速度を下げた瞬間には摩擦力が急激に減少しその後より大きな定常値に緩和する,ということである.これは摩擦力を決定するのに2つの過程,瞬間的な速度変化にすぐに応答する過程——**直接過程**と呼ばれる——とその速度での定常的な振る舞いにゆっくり緩和する過程——**間接過程**と呼ばれる——があることを示している.そしてこの2つの過程が,前節で紹介したアスペリティのクリー

＊ これについてのより詳しい議論は[4][5]および p.47 脚注の Heslot らの論文を参考にされたい.

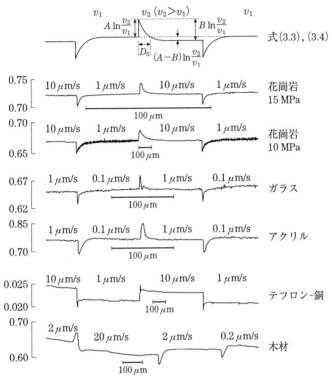

図3.2 さまざまな物質の摩擦力の駆動速度の変化に対する応答. 一番上の線は式(3.3), (3.4)によって予測される振る舞い. (J. H. Dieterich and B. D. Kilgore: Pure and Appl. Geophys., **143**, 283 (1994) より)

プ運動と真実接触面積の時間変化に対応する.

これらの実験結果を説明すべく提案されている多くの現象論的モデルのうち, ここでは代表的なルイナ(Ruina)によるものを紹介しよう[4][5][7]-[9][17]. それによれば摩擦係数 μ は次のように表される.

$$\mu = \mu_0 + A \ln\left[1+\frac{v}{v_0}\right] + B \ln\left[1+\frac{\theta}{\theta_0}\right] \quad (3.3\text{a})$$

θ は状態変数と呼ばれる量であり，A, B, v_0, θ_0 は定数である．v および θ がそれぞれ v_0, θ_0 に比べ大きい領域に注目すれば上の式は

$$\mu \simeq \mu_0 + A \ln\left[\frac{v}{v_0}\right] + B \ln\left[\frac{\theta}{\theta_0}\right] \quad (3.3\text{b})$$

となる．ここで，状態変数 θ は次の方程式に従って時間発展するものと仮定する．

$$\frac{\mathrm{d}\theta}{\mathrm{d}t} = 1 - \frac{\theta v}{D_\mathrm{c}} \quad (3.4)$$

D_c は長さの次元を持つ定数である．この時間発展方程式の解は容易に求まり，

$$\theta(t) = \int_0^t \exp\left[-\frac{x_\mathrm{G}(t)-x_\mathrm{G}(t')}{D_\mathrm{c}}\right]\mathrm{d}t' \quad (3.5)$$

となる．

方程式(3.3a)，(3.3b)の右辺第2項，すなわち係数 A を持つ項は直接過程を，係数 B を持つ第3項は間接過程を表している．それぞれはアスペリティの熱活性化型の運動*と真実接触面積の時間発展を表していることが次節以降でわかる．

式(3.3)，(3.4)が表す摩擦の振る舞いをみてみよう．まず静止状態 $v=0, x_\mathrm{G}(t)=x_\mathrm{G}(t')$ を考える．そのとき状態変数は式(3.5)より $\theta(t)=t$ となり $t=t_\mathrm{w}$ で動き出すとすると待機時間 t_w に一致する．これより $\theta(t)$ は真実接触点の平均の"年齢"と考えられ

---

* 絶対零度では越えられないエネルギーバリアーを，熱揺らぎにより越えて進む運動．

る．これを摩擦の構成則(3.3a)に代入すれば，摩擦係数は待機時間とともに対数関数的に増大することになる．一方，滑り速度 v で運動する定常状態を考えると，$\dfrac{d\theta}{dt}=0$ より $\theta=\dfrac{D_c}{v}$ となる．これから D_c はある1つの真実接触点が生れてから壊れるまでの重心座標の平均移動距離を表していると考えられる．これを摩擦の構成則(3.3)に代入すると，

$$\mu = \text{const.} + (A-B)\ln v \tag{3.6}$$

となり，滑り速度に対数関数的に依存する動摩擦係数を得る．そして速度弱化か速度強化かは $(A-B)$ の符号が決めることになる．図3.2の実験では，速度を変えた瞬間には状態変数は変化せず，直接過程のみで瞬間的な摩擦の応答が決まり，速度を上げれば摩擦力は急激に増大，下げれば急激に減少する．その後，一定速度で運動を続けると状態変数がその速度での定常的な値に達し，間接過程により摩擦力は式(3.6)で決まる値に緩和する．ちなみに図3.2の一番上の線は式(3.3)，(3.4)によって予測される摩擦係数の応答を表している．実験結果と良い一致を示している．では，次節以降で上の摩擦の構成則をより微視的な立場から導いてみよう．

■3.3 アスペリティのクリープ運動

まず摩擦の構成則(3.3)のうち直接過程を表す右辺第2項を考えよう．問題を簡単にするため，アスペリティ上の物体とバネでつながった粒子とみなし，それが駆動方向に1次元的に運動すると考える．そして，下の物質のアスペリティとの相互作用を周期関数で近似し，2.2節で登場したプランドル-トムリン

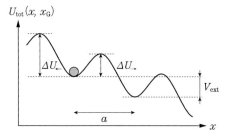

図 3.3 周期ポテンシャル中でバネによって駆動されている 1 粒子. ポテンシャルの平均の傾きはバネの駆動力による.

ソンモデルを再び考えることにする(図 3.3).

運動方程式は式(2.28)とほぼ同じであり，次のように表される.

$$m\frac{d^2 x}{dt^2} = -\gamma \frac{dx}{dt} - \frac{dU_{\text{tot}}(x, x_G)}{dx} + R(t) \quad (3.7)$$

$$U_{\text{tot}}(x, x_G) = -U_p \cos\left(\frac{2\pi x}{a}\right) + \frac{1}{2}k(x_G - x)^2 \quad (3.8)$$

ここで m は注目するアスペリティの質量，x はその座標，γ は速度に比例するエネルギー散逸の大きさを表す定数，U_{tot} は注目するアスペリティが下の物質から受ける振幅 U_p，周期 a の周期ポテンシャルと，駆動バネの弾性エネルギーの和であり，x_G は上の物体の重心座標，k はバネ定数である．式(2.28)との違いは熱揺らぎによるランダムな力 $R(t)$ の項である.

有限温度の効果はこのようにランダムな力によって表すことができ，その 2 乗平均は温度に比例する．この形の運動方程式をランジュヴァン方程式という．粒子はバネによって駆動されているが，バネの力は最大静摩擦力よりは小さく，粒子の運動に対しては有限のポテンシャルバリアーが存在し，温度はそのバリアーの高さよりは十分低い場合，$k_B T \ll U_p$，を考える．この

とき粒子はほとんどの時間をポテンシャルの谷底近傍で費やすが，熱雑音の助けを借りてたまにポテンシャルバリアーを乗り越え，平均としては駆動方向(図で右方向)へ動いていく．このような運動をクリープ運動という．このときの粒子の座標 x の時間発展の平均 $\langle \frac{\mathrm{d}x}{\mathrm{d}t} \rangle$ は

$$\langle \frac{\mathrm{d}x}{\mathrm{d}t} \rangle = a \left\{ \frac{1}{\tau_\rightarrow} - \frac{1}{\tau_\leftarrow} \right\} \tag{3.9}$$

と表される．ここで $\tau_\rightleftarrows$ は粒子がいまいるポテンシャルの谷底から右または左にポテンシャルバリアーを乗り越えて動くまでの平均時間であり，左右のポテンシャルバリアー $\Delta U_\rightleftarrows$ によって

$$\tau_\rightleftarrows^{-1} = \frac{\omega_0}{2\pi} \exp\left[\frac{-\Delta U_\rightleftarrows}{k_B T} \right] \tag{3.10}$$

と表される．ここで ω_0 は単位時間に粒子がポテンシャルを越えようとする頻度を表す**振動数**(attempt frequency)で，ポテンシャルの1つの谷底での振動数 $\frac{2\pi}{a}\sqrt{2U_\mathrm{p}/m}$ 程度である．

ここで図3.3のように隣り合うポテンシャルの谷底のエネルギー差を V_ext とすると，バネが十分柔らかい場合には

$$V_\mathrm{ext} = \frac{1}{2}k(x_\mathrm{G}-x-a)^2 - \frac{1}{2}k(x_\mathrm{G}-x)^2 \simeq -ka(x_\mathrm{G}-x) \tag{3.11}$$

であるので，$\Delta U_\rightleftarrows = 2U_\mathrm{p} \mp \frac{1}{2}ka(x_\mathrm{G}-x)$ となり，式(3.9), (3.10), (3.11)より

$$\langle \frac{\mathrm{d}x}{\mathrm{d}t} \rangle \simeq \frac{\omega_0 a}{\pi} \sinh\left[\frac{ka(x_\mathrm{G}-x)}{2k_B T}\right] \exp\left[\frac{-2U_\mathrm{p}}{k_B T}\right] \tag{3.12}$$

を得る．十分低温を考えることにすると，左のより高いバリアーを越える運動は無視することができる．定常運動では $\langle \frac{\mathrm{d}x}{\mathrm{d}t} \rangle$ の平均は重心速度 v，バネの力 $k(x_\mathrm{G}-x)$ は1つの真実接触点あた

3.3 アスペリティのクリープ運動

りの摩擦力であるので,この場合,全動摩擦力 $F_{\mathrm{kf}}(v)$ は

$$F_{\mathrm{kf}}(v) = \frac{2N}{a}\left\{2U_{\mathrm{p}} + k_{\mathrm{B}}T\ln\left[\frac{2\pi v}{\omega_0 a}\right]\right\}$$

$$= F_{\mathrm{kf}}^0 + A\ln v \qquad (3.13\mathrm{a})$$

$$F_{\mathrm{kf}}^0 = \frac{4N}{a}U_{\mathrm{p}} + A\ln\left[\frac{2\pi}{\omega_0 a}\right] \qquad (3.13\mathrm{b})$$

$$A = \frac{2N}{a}k_{\mathrm{B}}T \qquad (3.13\mathrm{c})$$

となり,対数的に速度に依存する動摩擦力を得る.

このような熱的クリープ運動による動摩擦力の対数的速度依存性が現れるのは,マクロな摩擦系に限らない. 4.1 節で紹介するように摩擦力顕微鏡を用いた実験でも明瞭に見えている.摩擦力顕微鏡の針をマクロな摩擦系の 1 つのアスペリティとみなせば,摩擦力顕微鏡でもそのような速度依存性が現れるのは当然であろう.

式(3.13)で得た動摩擦力の速度依存性が成り立つ条件を考える.一度ポテンシャルバリアーを乗り越え右の準安定状態に達した粒子は,ポテンシャルバリアーの高さ $2U_{\mathrm{p}}$ だけ余分なエネルギーをもっている.上の導出が成り立つためには,粒子は次にポテンシャルバリアーを乗り越える前にその余分なエネルギーを緩和させなくてはならない. 1 つのポテンシャルの谷の平均滞在時間 a/v 内に,次に乗り越えるべきポテンシャルバリアー $2U_{\mathrm{p}}$ よりも十分小さなエネルギーまで緩和しなければならないのである.

エネルギー緩和の時間スケールは m/γ 程度であることを用いると,この条件は

$$2\frac{\gamma}{m}\frac{a}{v}U_{\mathrm{p}} \gg 2U_{\mathrm{p}}$$

となり,速度の条件としては

$$v \ll \frac{\gamma a}{m} \tag{3.14}$$

となる.この条件が破れる高速度領域では,一度エネルギーの低い側にポテンシャルバリアーを乗り越えた粒子は次々に運動エネルギーを獲得し,速度を増加し動き続ける.すると運動方程式(3.7)の右辺第1項の速度に比例する散逸項が支配的になり,動摩擦力は速度に線形に依存するようになる.

このような動摩擦力の速度依存性の,低速度領域での対数関数的な振る舞いから高速度領域での線形な振る舞いへの変化は,図1.12に示した厚紙の摩擦の速度依存性に明確に現れている.ただし,図の実験では低速度側では速度の増加とともに対数関数的に減少しており,上の結果とは異なる.次節で調べるもう1つの効果が,実験の説明のためには必要である.

■3.4 真実接触面積の待機時間依存性

滑りのない状態での,塑性変形に伴う真実接触点の時間変化を調べてみよう[4][7].そのような塑性変形は垂直応力 σ による転位のクリープ運動による(「付録:転位と塑性変形」参照).したがって前節での結果をそのまま利用できる.

1つの真実接触点の平均の面積を S,総数を N,垂直応力(圧力)を σ とすると,式(3.13)において,F_{kf} は全垂直抗力 $NS\sigma$ に対応する.一方 $\dfrac{4N}{a}U_{\mathrm{p}}$ はクリープが起こらない絶対零度での最大静摩擦力なので,絶対零度での降伏応力 σ_{y}^{0} に NS を掛け

3.4 真実接触面積の待機時間依存性

たものに対応する.そして $2U_\mathrm{p}$ は,外力がないときの転位が1つの準安定状態から次の準安定状態に動くときに乗り越えなければならないエネルギーバリアーであるピンニングエネルギー u_0 となる.よって式(3.13)より

$$\sigma = \sigma_\mathrm{y}^0 \left\{ 1 + \frac{k_\mathrm{B} T}{u_0} \ln\left[-\frac{\dot{\epsilon}}{\dot{\epsilon}_0} \right] \right\} \quad (3.15)$$

を得る.ここで $\dot{\epsilon}$ は歪み速度,$\dot{\epsilon}_0$ は定数である.

2つの物体間に時刻 $t=0$ で荷重をかけた後の,1つの真実接触点をつくるアスペリティの時間変化を考えてみよう.簡単のため,その形は底面積 S,高さ ℓ の円筒形とする.真実接触点の体積は保存すると仮定すると,

$$\dot{\epsilon} = \frac{\dot{\ell}}{\ell} = -\frac{\dot{S}}{S} \quad (3.16)$$

となる.ここで荷重を加えた直後の面積を S_0 とし,

$$S(t) = S_0 + s(t) \quad (3.17)$$

とおくと,式(3.16),(3.17)より

$$\dot{\epsilon} = -\frac{\dot{s}/S_0}{1+s/S_0} = -\frac{\dot{\xi}}{1+\xi} \quad (3.18)$$

$$\xi = \frac{s(t)}{S_0} \quad (3.19)$$

を得る.垂直応力 σ は1つの真実接触点あたりの垂直抗力 L により

$$\sigma = \frac{L}{S} = \frac{L/S_0}{1+s/S_0}$$

と表される.L を加えた直後にはまだクリープは起きず,L/S_0 は絶対零度の降伏応力 σ_y^0 とつりあうので,$\sigma/\sigma_\mathrm{y}^0$ は

$$\frac{\sigma}{\sigma_{\rm y}^0} = \frac{1}{1+\xi}$$

となる．上の式に式(3.15), (3.19)を代入して

$$\frac{k_{\rm B}T}{u_0} \ln\left[\frac{\dot{\xi}/\dot{\epsilon}_0}{1+\xi}\right] = -\frac{\xi}{1+\xi}$$

を得る．いま低温領域を考えているので，温度の高次の項を無視すると

$$\frac{k_{\rm B}T}{u_0} \ln\left[\frac{\dot{\xi}}{\dot{\epsilon}_0}\right] = -\xi \tag{3.20}$$

となる．この方程式の解は垂直抗力 L を加えてからの時間(接触が始まってからの時間)である待機時間 $t_{\rm w}$ を使って

$$\xi = \frac{k_{\rm B}T}{u_0} \ln\left[1+\frac{t_{\rm w}}{\tau}\right] \tag{3.21}$$

と表される．ここで

$$\tau = \frac{k_{\rm B}T}{u_0 \dot{\epsilon}_0} \tag{3.22}$$

である．これより1つの真実接触点の面積の時間発展は

$$S(t_{\rm w}) = S(0)\left\{1+\frac{k_{\rm B}T}{u_0} \ln\left[\frac{t_{\rm w}}{\tau}\right]\right\} \tag{3.23}$$

と対数関数的に待機時間に依存することがわかった．ここで τ に比べ長時間の振る舞いに注目し，$(1+t_{\rm w}/\tau)$ を $(t_{\rm w}/\tau)$ で近似した．これより，全真実接触面積 $A_{\rm r}$ も垂直抗力を加えてからの待機時間 $t_{\rm w}$ とともに対数関数的に増加することになる．

$$A_{\rm r}(t_{\rm w}) = A_{\rm r}(0)\left\{1+\frac{k_{\rm B}T}{u_0} \ln\left[\frac{t_{\rm w}}{\tau}\right]\right\} \tag{3.24}$$

こうして真実接触面積が待機時間 $t_{\rm w}$ の関数として表されたので，最大静摩擦力 $F_{\rm sf}^{\rm max}(t)$ も剪断強さを $\sigma_{\rm s}$ として

3.4 真実接触面積の待機時間依存性

$$F_{\text{sf}}^{\max}(t_{\text{w}}) = F_{\text{sf}}^{\max}(0) + B \ln t_{\text{w}} \quad (3.25\text{a})$$

$$F_{\text{sf}}^{\max}(0) = \sigma_{\text{s}} A_{\text{r}}(0) \left[1 - \frac{k_{\text{B}} T}{u_0} \ln \tau \right] \quad (3.25\text{b})$$

$$B = \sigma_{\text{s}} A_{\text{r}}(0) \frac{k_{\text{B}} T}{u_0} \quad (3.25\text{c})$$

と求まり，待機時間とともに対数関数的に増加するという実験結果図 1.13 と一致する結果を得る．

この待機時間 t_{w} 依存性を一般化しよう．そのため全真実接触点に対する平均である有効待機時間 $\tilde{t}$ を導入する．静止状態では $\tilde{t} = t_{\text{w}}$ とする．定常滑りの状態では前章で説明したように各真実接触点はスティック・スリップ運動を繰り返す．このスティックの間の時間は各々の真実接触点にとって待機時間とみなせる．D_{c} を真実接触点が壊れるまでの重心座標の平均移動距離とすると，このスティックの平均時間は D_{c}/v と表される．したがって定常滑りの状態では $\tilde{t} = D_{\text{c}}/v$ と考えられる．ここで重心座標 $x_{\text{G}}(t)$ が任意の時間変化をする場合に，この有効待機時間 $\tilde{t}$ を拡張する．$x_{\text{G}}(t)$ が D_c 程度動いてしまえば，有効待機時間 $\tilde{t}$ はリセットされる．これから $\tilde{t}$ は

$$\tilde{t}(t) = \int_0^t \exp\left[-\frac{x_{\text{G}}(t) - x_{\text{G}}(t')}{D_{\text{c}}}\right] dt' \quad (3.26)$$

という時間発展をすると考えられる．これは式 (3.5) の状態変数 $\theta(t)$ の時間発展の方程式に他ならない．よって $\tilde{t} = \theta(t)$ となる．

次に，動摩擦力の速度依存性の式 (3.13) にこの有効待機時間の効果を取り入れる．式 (3.13) の右辺第 1 項は，クリープによるアスペリティの運動を無視したときの摩擦力である．したがって，これは最大静摩擦力 $F_{\text{sf}}^{\max}(\tilde{t})$ に対応する．これより，クリープによるアスペリティの運動および塑性変形による真実接触面

積の変化の効果を取り入れた摩擦力の式として

$$F_{\text{fric}} = F_{\text{sf}}^{\max}(0) + A \ln v + B \ln \tilde{t} \qquad (3.27)$$

を得る*．こうして現象論的に与えられた摩擦の構成則(3.3)，(3.4)，(3.5)をある程度微視的なモデルに基づいて導くことができた．これより，定常運動の場合の動摩擦力の速度依存性の式は

$$F_{\text{kf}}(v) = F_{\text{sf}}^{\max}(0) + B \ln D_{\text{c}} + (A-B) \ln v \qquad (3.28)$$

となる．

この節を終える前に，摩擦の構成則(3.3)，(3.4)，(3.5)の理論的導出についていくつかの仮定と単純化を行ったことを注意しておく．特に，アスペリティのクリープ運動による速度依存性の式(3.13)では，アスペリティの不均一さを無視している．また真実接触面積の対数関数的待機時間依存性の式(3.24)は，1つの真実接触点に対して導いた式である．しかし実際は，図3.1からもわかるように，すでに存在する真実接触点は待機時間とともに成長し，その一部は複数個が結合し，また新たな真実接触点が生まれる．このようなすべての過程の結果として，実験では真実接触面積は対数関数的待機時間依存性を示すのである．

また，ある滑り速度で重心が運動している場合，真実接触点はスティック・スリップ運動を繰り返すわけであるが，スティックの間，真実接触点の近傍のズリ応力は時間とともに成長する．この成長は1つの真実接触点の面積の変化にも当然，影響を与えると考えられるが，その効果も上の導出には含まれていない．

---

* A と B の積を係数に持つ項も現れるが，もともと A と B は小さいので，その項は無視できる．

また，実験では待機時間の間に真実接触点の面積が増えるだけでなく，そこでの結合が徐々に強まる効果も報告されている[8]*. これらの効果を取り入れた，より詳細な理論的取り扱いはいまだ存在しないようである.

3.5 地震と動摩擦力の速度依存性

ここまでで摩擦の構成則(3.3), (3.4), (3.5), あるいはそれを微視的モデルから導いた式(3.26), (3.27)より，定常運動の場合の動摩擦力の速度依存性が式(3.28)のように求まった. ここで，$\ln v$ の係数 $(A-B)$ の符号は定常運動の安定性に大きな影響を与える. これが正なら動摩擦力は速度強化の振る舞いをする. このとき定常運動は安定である. しかし $(A-B)$ が負なら速度弱化となり 3.1 節で説明したように定常運動は不安定化しうる. なぜなら，揺らぎにより速度がわずかでも増加すれば摩擦は小さくなりさらに速度が増加するからである. このときスティック・スリップ運動が起こりうる.

スティック・スリップ運動は様々なスケールの摩擦系で起こるが，そのうち最大のものは断層のスティック・スリップ運動である**地震**であろう. 断層の地殻を構成する主要岩石である花崗岩の，摩擦の構成則のパラメーター $(A-B)$ が実験的に調べられている. その結果を図 3.4 に示す. (a)が温度依存性，(b)が圧力依存性である. 前節の理論的導出によれば，$(A-B)$ の温度

---

* P. Berthoud and T. Baumberger et al.: Phys. Rev., **B59**, 14, 313 (1999) も参考にされたい．また，同様の効果は摩擦力顕微鏡をつかった分子スケールの摩擦実験でも観測されている．Q. Li, T. E. Tullis, D. Goldsby and R. W. Carpick: Nature, **480**, 233 (2011).

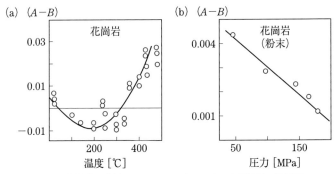

図 3.4 花崗岩の摩擦パラメーター $(A-B)$ の(a)温度, (b)圧力依存性. (C. C. Scholz: Nature, **391**, 37 (1998) より)

依存性は温度に比例するはずであるが, 現実には温度変化は非単調であり, 中間の温度領域でのみ $(A-B)$ は負になることがわかる.

この理論的解析との相違は前節の最後に議論した様々な問題のためと, 前節で一定であるとしたパラメーターも実際には温度に依存するためであると考えられる. 実際の地殻, 断層では深度とともに温度, 圧力ともに増大する. 図 3.4 に示した実験結果などをもとに, カリフォルニアの有名な断層である**サンアンドレアス断層**のパークフィールド近傍での摩擦パラメーター $(A-B)$ の深度依存性を評価した結果が図 3.5 の左の図である. このように, ある有限の深さの範囲内でのみ $(A-B)$ が負になっていることがわかる.

3.1 節で説明したように, 摩擦力がその瞬間の速度だけに依存するのならば, $(A-B)$ が負になれば定常滑りは不安定となる. しかし, 摩擦力はその瞬間の速度だけでは決まらないため, 実際に定常滑りが不安定化するか否かはより詳しい解析が必要である. それによると安定性は有効バネ定数や圧力などに依存す

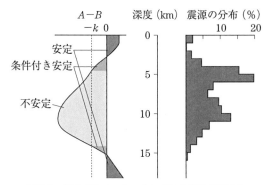

図 3.5 摩擦パラメーター $(A-B)$ の深さ依存性と震源の深度分布．(C. C. Scholz: Nature, **391**, 37 (1998) より)

る*．そして，今の場合，条件付き安定の領域では $(A-B)$ が負にもかかわらず，定常運動は安定となる．

図 1.12 に示した厚紙の摩擦の低速度域の速度依存性は速度弱化であり，この系では $(A-B)$ が負であることを示しているが，それでもスティック・スリップ運動を起こさず一定速度の運動をしている．それはちょうどこの条件付き安定の領域にあるためと考えられる．

しかし，不安定の領域では定常運動が不安定となりスティック・スリップ運動，つまり地震が起こる．図 3.5 の右はパークフィールド近傍での地震の震源の深度分布である．摩擦パラメーターから決めた不安定領域に震源が集中し，それより浅くても深くても地震はほとんど起こらないことがわかるだろう．このように，この地域における地震の発生は摩擦の振る舞いによって決まっている可能性がある．しかし，実験的に決めているの

---

* p.51 脚注の文献参照．

は断層の構成物質である花崗岩の摩擦パラメーターである．第5章で議論するように，一般には，ある巨視的なスケールの物体の摩擦は単純にその構成要素の摩擦の振る舞いだけでは決まらず，注意が必要である*．

---

* 2011年3月の東北地方太平洋沖地震では，以前には安定滑りを起こしていた深度で起きている．T. Lay and H. Kanamori: Phys. Today, 2011 Dec. 33.

4
原子・分子スケールからの摩擦

 前章までは,主にマクロな摩擦の振る舞いをみてきた.マクロな物体の表面には凸凹があり,凸であるアスペリティどうしが接触して形成する真実接触点の多数の集合が系全体の摩擦の振る舞いを決めていると考えられる.では,1つのアスペリティや,原子スケールで凸凹のない,乱れのない清浄な表面間では摩擦はどのように振る舞うのであろうか.本章では近年,進展著しい原子・分子スケールからの摩擦を議論する[4]-[7].

■4.1 摩擦力顕微鏡と摩擦の制御

 1.5節でも紹介したように,近年,原子・分子スケールからの摩擦を測定できるようになり,活発な研究が行われている.その研究で用いられる測定手段のうち,代表的なものが1.5節で紹介した図1.16の**摩擦力顕微鏡**(Frictional Force Microscope, **FFM**)である.図1.17にKBrの(100)表面での測定例を示したように,これを用いて原子スケールの摩擦が明確に測られている.

 一般に金属の表面は酸化しやすく清浄表面を作るのは困難である.しかし,現在では超高真空の技術も進み,図4.1(a)に示

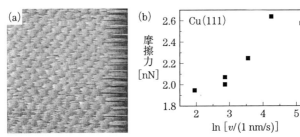

図 4.1 (a)摩擦力顕微鏡による Cu(111) 面の摩擦力像. 摩擦力の大小を明暗で示している. 図の 1 辺は 3 nm である. 明確な格子像が得られている. (b)平均の摩擦力の速度依存性. 横軸は自然対数. (R. Bennewitz, E. Gnecco, T. Gyalog and E. Meyer: Tribol. Lett., **10**, 51 (2001) より)

すように銅の表面でも摩擦力顕微鏡を用いた摩擦力の測定により, きれいな表面の結晶格子像が得られている. 図 4.1(b)に, 平均の摩擦力を摩擦力顕微鏡の針の駆動速度の関数として示す. 平均の摩擦力は速度に対数関数的に依存して増加する. この速度依存性はまさに 3.3 節で理論的に導いたものである. そして, これが速度とともに増加していることから式(3.28)で $(A-B)$ は正, すなわち 3.4 節で議論した真実接触面積の変化の効果は小さいことがわかる.

摩擦力顕微鏡を用いて様々な研究が行われているが, 次に, 工学的にも重要となっている摩擦の制御に関する研究に注目してみよう. そのような研究の 1 つに荷重による摩擦制御がある. 一般に, マクロな系の摩擦では最大静摩擦力, 動摩擦力はともに荷重に比例する. しかし原子スケールの摩擦では, ある荷重以下になると最大静摩擦力は有限でも動摩擦力が消えてしまうことがある. これは 2.2 節で議論したプランドル-トムリンソンモデルにおける弾性不安定性による動摩擦力の発生・消滅によるのである.

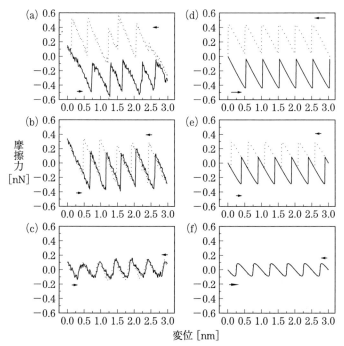

図 4.2 NaCl(001) 面の摩擦力顕微鏡による (100) 方向の摩擦力測定の結果. (a)-(c)は実験結果であり, 荷重 W は(a) W=4.7, (b) 3.3, (c) −0.47 [nN] である. (d)-(f)は対応するプランドル-トムリンソンモデルの計算機シミュレーションの結果であり, そのパラメーター η は, (d) η=5, (e) 3, (f) 1 である. (A. Socoliuc, R. Bennewitz, E. Gnecco and E. Meyer: Phys. Rev. Lett., **92**, 134301 (2004) より)

図 4.2(a)-(c)に, 超高真空中で行われた摩擦力顕微鏡による NaCl の (001) 面の (100) 方向の摩擦力測定の結果を示す. 破線は左向きに駆動したとき, 実線が右向きに駆動したときの結果である. 周期的な原子スケールのスティック・スリップ運動がみられる. その周期は NaCl の (001) 面の格子定数に一致する. 3種類の荷重 W の大きさに対して測定を行っているが, (c)では

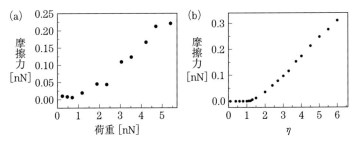

図 4.3 (a)実験によって得られた平均の動摩擦力の荷重依存性. (b)トムリンソンモデルのシミュレーションによって得られた平均の動摩擦力のパラメーター η 依存性.

$W=-0.47$ [nN] と負の値になっている. 原子スケールの摩擦測定では試料表面がきわめて清浄であるため, 摩擦力顕微鏡の針先と試料表面の間に無視できない大きさの引力が働き, そのため荷重が負でも針先が表面に接し摩擦力が発生することがある.

さて(a), (b)では針を右向きに駆動してから左向きに駆動したとき摩擦力はヒステリシスを生じる. これは有限の動摩擦力が働いていることを示している. しかし, (c)では動摩擦力は振動するもののスティック・スリップは起こらず, ヒステリシスもない. つまり, 平均の動摩擦力が 0 なのである.

図 4.3(a)に平均の動摩擦力の荷重依存性を示す. 荷重には約 1 nN の明確な閾値があり, それ以上では荷重とともに平均の動摩擦力はほぼ線形に増加するものの, それ以下では 0 となってしまう. 閾値以下の荷重では 2.2 節で議論した弾性不安定性が起こらず, 平均の動摩擦力が消えてしまうのである.

プランドル-トムリンソンモデルの計算機シミュレーションをパラメーター $\eta \equiv \tilde{F}_\mathrm{p}/k$ を変えて行った結果が図 4.2(d)-(f)および図 4.3(b)であり, 実験結果とよい一致を示す. 実験では, 荷重を変えることにより基板との相互作用の大きさ, および針の

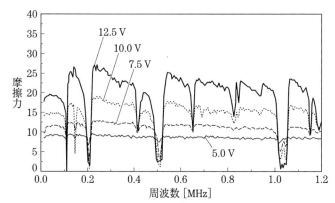

図 4.4 交流電場の印加による摩擦力の制御．横軸は周波数．電圧は下から 5, 7.5, 10.0, 12.5 V．(M.A. Lantz, D. Wiesmann and B. Gotsmann: Nature Nanotech., **4**, 586 (2009) より)

有効バネ定数の両者が変化していると考えられるが，それぞれの荷重依存性も評価され矛盾しない結果が得られている．このように，1つのアスペリティの運動に注目した 2.2 節の議論は摩擦力顕微鏡による実験と一致する．

1.5 節で紹介したように，原子間力顕微鏡を用いた記憶装置が活発に研究されているが，実用化のためには摩擦・摩耗を極めて低く抑えることが必要であり，そのための手段が開発され，摩擦・摩耗の低減が達成されている(図 1.19)．このとき，正常に動作させるためには針に加わる荷重を余り小さくはできない．探針の針先を振動させることにより摩擦・摩耗を低減している．図 4.4 に実験結果を示す．ここでは試料と針先の間に交流電場を加えることにより，針先に加わる荷重を振動させている．ある特定の周波数で摩擦が極めて小さくなることがわかる．

これらの周波数は針の上下振動の固有周波数に対応しており，そこで針先は大きな上下振動を起こし，荷重も振動する．針先

が試料表面を動くとき,スティック・スリップを繰り返すが,針先にかかる駆動力(=摩擦力)が小さくとも,荷重が小さくなった瞬間にスリップできるので,摩擦が小さくなると考えられている.摩耗は劇的に低減され,図1.19で示したように,測定精度内での摩耗の除去が達成されている.半導体では電圧の印加により電子状態を容易に変えることができる.摩擦力顕微鏡の針と半導体試料の間に電圧を掛けることによっても,摩擦は制御できる*.

動摩擦は,エネルギーの散逸を伴う.では,どのようなチャンネルを通じてエネルギーは散逸するのであろうか.まず考えられるのは格子振動である.動摩擦に伴うエネルギー散逸は,主に各アスペリティのスティック・スリップ運動のスリップの際に生じるわけであるが,このときアスペリティは大きな変形を伴う運動を起こし格子振動を誘起し,それによるエネルギー散逸がおこる.金属ではエネルギー散逸を担う自由度として電子的励起も考えられる.しかし,それは本当に効いているのであろうか.それを確かめるには電子状態を変化させて散逸が変わるか否かを調べればよい.金属はフェルミ面を持ち無限小のエネルギーで電子的励起を作ることが可能である.しかし,**超伝導**状態になるとフェルミ面にギャップを生じ,それが不可能になる**.

図4.5にNb表面上の原子間力顕微鏡の針を振動させて測った散逸係数γを示す.摩擦力は表面を接していないものの間で

---

* J. Y. Park, D. F. Ogletree, P. A. Thiel and M. Salmeron: Science, **313**, 186 (2006).
** 超伝導については勝本信吾,河野公俊『超伝導と超流動』(岩波講座物理の世界,2006),ならびに恒藤敏彦『超伝導・超流動』(現代物理学叢書),岩波書店,2001,などを参考にされたい.

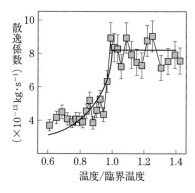

図 4.5 Nb 表面上の原子間力顕微鏡の針の散逸係数．横軸は超伝導転移温度で規格化した温度．実線は BCS 理論より求めた理論曲線．(M. Kisiel, E. Gnecco, U. Gysin, L. Marot, S. Rast and E. Meyer1: Nature Materials, **10**, 119 (2011) より)

も，相互作用があれば働き，エネルギー散逸を生じる．この実験では精度良く散逸係数を求めるため，顕微鏡の針は試料表面の 0.5 nm 上に浮いている．横軸は超伝導転移温度で規格化した温度である．超伝導転移温度から散逸係数が減少するのがわかる．超伝導状態になっても，超伝導ギャップを熱的に越えて電子励起を作ることは可能であり，超伝導ギャップは転移温度で 0 から連続的に成長するので，散逸係数も連続的に減少する．図の実線は超伝導を記述する BCS 理論より求めた理論曲線である．実験と良い一致を示している．これから逆に，常伝導状態の金属では確かに電子励起による散逸が起こっていることがわかる．

上の実験のように顕微鏡の針を表面と非接触の状態に保つことで，分解能を挙げた測定が可能となる．現在，Si の (111) 表面上では 1 pN の精度で摩擦力が測定されている[*]．1 pN は 1 円玉にかかる重力の 100 億分の 1 の大きさの力である．

摩擦力顕微鏡は，物を駆動するために用いることもできる．三浦らは，小さなグラファイトフレークを駆動しそのときの摩擦

---

[*] S. Kawai, N. Sasaki and H. Kawakatsu: Phys. Rev., **B79**, 195412 (2009).

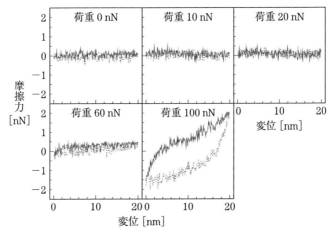

図4.6 C_{60} をインターカレートしたグラファイト系の摩擦. 実線と破線はスキャン方向が反対である. 荷重が 0 nN～60 nN の領域では実験精度の範囲内で摩擦力は観測されない. (K. Miura, D. Tsuda and N. Sasaki: e-J. Surf. Sci. Nanotech., **3**, 21 (2005) より)

力を測るため, 摩擦力顕微鏡を用いた. そして, グラファイト基板上に単層の C_{60} を積みあげ, その上にグラファイトフレークを置いた系において, 明確な原子スケールのスティック・スリップ運動を観察した. この系では平均の動摩擦力が 0 となる. 彼らはさらに C_{60} をインターカレートしたグラファイト系*において実験を行い, 精度の範囲内で静摩擦力も 0 となることを発見した(図4.6). この C_{60}-グラファイト系の低摩擦は計算機実験でも再現されている**.

摩擦力顕微鏡を用いた実験でもいくつかの系でアモントン-クーロンの法則(p.3)のうち, 2 番め

---

* グラファイトの層間に C_{60} 単層をいれた系.
** N. Sasaki, N. Itamura and K. Miura: Jpn. J. Appl. Phys., **46**, L1237 (2007).

（2）摩擦力は荷重に比例する

が成り立つことが確かめられている．例えばグラファイト表面で摩擦力顕微鏡によって測定される摩擦力も荷重に比例する*．このときグラファイトフレークが摩擦力顕微鏡の針先にくっつき，測定されているのはグラファイト基板-グラファイトフレーク間の摩擦であると考えられており，実際，そのようなモデルの計算機実験でも，摩擦力が荷重に比例することが確かめられている**．摩擦力が荷重に比例する理由は，この場合，グラファイトの層状構造のため，層間の凝着力が弱く，また荷重も小さいため摩擦力を荷重に対して展開することができ，その1次の項が観測に掛かっているためと考えられている．しかし，他にも様々な系で摩擦力顕微鏡を用いて荷重に比例する摩擦力が測定されている．これは第2章での議論から考えると不思議であり，なお議論が続いている***．

■4.2 真実接触点の形成，変形，破壊を見る

摩擦力顕微鏡を用いて原子スケールの摩擦が測定できることをみてきた．そして，第2, 3章で理論的に考えてきた1つのアスペリティの振る舞い，すなわち熱的クリープ運動の結果生じる動摩擦力の対数的速度依存性，弾性不安定性によるスティック・スリップ運動の発生・消滅に伴う動摩擦力の発生・消滅が，摩擦

---

* C. M. Mate, G. M. McCelland, R. Erlandsson and S. Chaing: Phys. Rev. Lett., **59**, 1942 (1987).

** K. Matsushita, H. Matsukawa and N. Sasaki: Solid State Commun., **136**, 51 (2005).

*** J. Gao, W. D. Luedtke, D. Gourdon, M. Ruths, J. N. Israelachvili and U. Landman: J. Phys. Chem., **B108**, 3410 (2004).

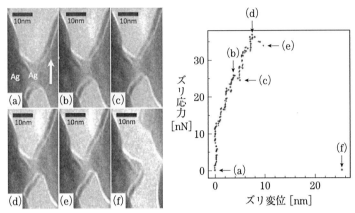

図4.7 (左)透過型電子顕微鏡によって観測された左右のAgによって作られる真実接触点の形成,変形,破壊の様子.右側のアスペリティの根本を上方にズリ運動を行わせている.(a)は形成直後,(b)-(f)で変形し,(f)で壊れている.(右)ズリ応力をズリ変位に対して示す. T. Sato, T. Ishida, S. Nabeya, S. and H. Fujita: J. Phys.: Conf. Ser., **258**, 012005 (2010).

力顕微鏡による実験で確かめられた.しかし,摩擦力顕微鏡で測ることができるのは原子スケールでほぼ平坦な表面と1つの針,すなわちアスペリティの間の摩擦である.実際に真実接触点を作るのは,滑り面の2つの表面のアスペリティどうしである.滑り運動に伴い,それはどのように形成され,変形し,破壊に至るのであろうか.このような興味からの実験が **MEMS**(Micro Electro Mechanical System)と呼ばれる微小な駆動装置と**透過型電子顕微鏡**(Transmission Electron Microscope, **TEM**)を用いて行われている.

図4.7はAgのアスペリティが真実接触点を形成し,変形,破壊するまでの様子とその際の力の振る舞いをみたものである*.

---

* 真実接触点を形成するアスペリティの変形を観測した先駆的実験として T. Kizuka: Phys. Rev., **B57**, 11158 (1998) がある.

(a)は左右から近づいてきたAgの2つのアスペリティが真実接触点を形成した直後の電子顕微鏡写真である．そのサイズは図からわかるように10 nm程度である．このあと，右側のアスペリティの根本を上方にズリ運動を行わせている．それに伴い，(b)-(e)に示されるように真実接触点は変形し，(f)に至って壊れる．このときのズリ応力をズリ変形量に対して示したのが図4.7右である．ここで，ズリ変位は右のアスペリティの根本の上方への変形量である．変形に伴うズリ応力の増大(a)-(d)と真実接触点の破壊直前のわずかな減少(d)-(e)，破壊に伴うスリップによる変位と応力の急激な緩和(e)-(f)が見られる．しかし，よく見ると途中でもいくつかの小さなスリップ，例えば(b)-(c)，が見られる．

実験は超高真空中できれいなAg表面で行われている．このような振る舞いが，他の物質の表面でも見えるのか，次章で述べる問題とも関連し興味深い．

■4.3　表面力測定装置と水晶マイクロバランス法

············ナノ潤滑剤層のスティック・スリップ運動
　　　──表面力測定装置

第1章でも紹介したように，滑り面間に潤滑剤を導入し摩擦・摩耗を軽減することは広く行われている．機械を精密に作るほど滑り面の間隔は小さくなり，そこに含まれる潤滑剤層も薄くなる．そのとき潤滑剤はどのように振る舞うのであろうか．1.4節で紹介した境界潤滑領域でも，薄い潤滑剤層の振る舞いが問題となる．イスラエルアチビリ(Israelachvili)らによって開発された**表面力測定装置**(Surface Force Apparatus, **SFA**)は，この

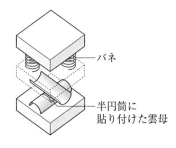

図4.8 表面力測定装置の模式図.電気通信大学鈴木勝研究室提供.

ような問題の実験的研究を可能にした[18]*.装置の概略を図4.8に示す.

装置は,2つの軸の直交する半円筒に貼り付けた雲母の間に試料を挟む.雲母の表面は原子スケールで平坦である.雲母の間隔は光の干渉効果によりきわめて精度良く決定できる.この間隔,または荷重を制御して雲母間に働く垂直方向の力および摩擦力を測ることが可能である.

この装置を用いた実験によると,雲母間の潤滑剤が10分子層程度以下になったとき,雲母間に働く力はその間隔に対して大きく振動する(図4.9).この挙動は以下のように説明されている.10分子層以上では連続体的挙動を示していた潤滑剤が,それ以下の薄さで分子からできているという離散的性質を示すようになり,層状構造が安定となる.そのため,雲母の間隔が潤滑剤一層の整数倍の厚さの状態がエネルギー的に安定となり,そこからずれるともとに戻そうとする復元力が働き,雲母間に働く力は振動する.さらに潤滑剤層を5分子層程度以下にすると有限の最大静摩擦力を生じる.雲母の間に直鎖状の炭化水素の一種であるヘキサデカン $C_{16}H_{34}$ を挟んだ場合の実験結果が

---

* この装置を使った研究の最近のレビューとして S. Yamada: Symmetry, **2**, 320 (2010) がある.

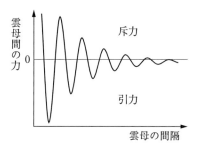

図 4.9 潤滑剤を介し雲母の間隔と雲母間に働く力の模式図．実際は不安定な領域が存在し，この曲線全体を測定して求めることはできない．

図 4.10 である．

低速度で駆動されているときは明確な最大静摩擦力とそれに続くスリップが現れる．実験はヘキサデカンのバルクの融点より高温で行われている．それにもかかわらず固体の特徴である最大静摩擦力が現れるのは，潤滑剤の厚さが数分子層になると，狭いところに閉じ込められた効果により，潤滑剤が固化してしまうことを示している（図 4.11）．

表面力測定装置では滑り面はバネを介して駆動される．この固化した潤滑剤を間に挟んだ 2 枚の基板の一方にバネをつけ，その他端を一定速度で駆動しズリ応力を加えても，最初は動かない．しかしズリ応力がある程度大きくなると，その効果により潤滑剤が融解する．そしてスリップを起こす．スリップすると応力が緩和する．そして潤滑剤は再び固化する．この機構により系はスティック・スリップ運動を繰り返す．実験では，駆動速度がある臨界速度を超えると，滑らかな運動に遷移する．臨界速度より速いと，一度融解した潤滑剤が固化する前に次の滑りが起こらなければならなくなり，固化できなくなるからで

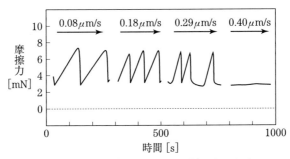

図 4.10 表面力測定装置を用いて測定したヘキサデカンの摩擦力の時間依存性．駆動速度は左から 0.08, 0.18, 0.29, 0.40 μm/s である．（文献[18]より）

ある．

表面力測定装置を用いた実験でもいくつかの系で荷重に比例する摩擦力が観測されている．そのうちいくつかは，摩擦力顕微鏡を用いた実験で荷重に比例する摩擦力が観測されているのと同じ系であり，両方の測定で摩擦係数はほぼ一致する．しかし，荷重は表面力測定装置での実験のほうが 3 桁以上大きい．これも不思議であり，なお議論が続いている*．

............**吸着膜の摩擦**——水晶マイクロバランス法

原子・分子スケールの摩擦を測定する手段として，清浄基板上の吸着膜の摩擦を測定できる**水晶マイクロバランス法**(quartz crystal microbalance, **QCM**)がある．この実験では，横ズリ振動する水晶発振子の表面に清浄基板を蒸着し，その上に吸着原子を載せ基板を振動させる．そして，その際の慣性力により吸着原子を駆動し，基板-吸着原子間の摩擦を測定する．装置の概

---

* J. Gao, W. D. Luedtke, D. Gourdon, M. Ruths, J. N. Israelachvili and U. Landman: J. Phys. Chem., **B108**, 3410 (2004).

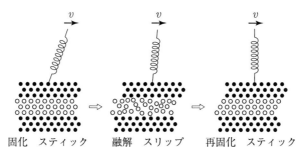

図 4.11 数分子層の潤滑剤の固化と溶解によるスティック・スリップ運動.

要を図 4.12 に示す.

吸着原子が基板とともに動けば，基板の有効質量が増加しその共鳴振動数は低下する．一方，吸着原子が基板上で滑れば共鳴振動数の低下はない．しかし，動摩擦力によるエネルギー散逸が生じるので共鳴の鋭さを表す Q 値*が変化する．共鳴周波数と Q 値の測定により，基板上の吸着原子の運動を調べることができる．この装置は吸着膜に対する駆動力として慣性力を利用しているので，基板と化学結合のような強い結合をつくる吸着膜は動かすことができず，測定対象はもっぱら希ガスのような金属基板と物理結合(ファン・デル・ワールス力による結合)する物質となる．

この方法は吸着原子密度を制御することにより，基板上の 1 原子の摩擦から，一層または複数層の固体状態にある吸着膜の摩擦まで調べることができる**.

---

* 共鳴周波数/共鳴 のピークの幅.
** J. Krim, D. H. Solina and R. Chiarello: Phys. Rev. Lett., **66**, 181 (1991); H. Kobayashi, J. Taniguchi, M. Suzuki, K. Miura and I. Arakawa: J. Phys. Soc. Jpn., **79**, 014602 (2010).

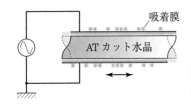

図 4.12 水晶マイクロバランス法の装置の概略図．電気通信大学鈴木勝研究室提供．

■4.4 摩擦力の角度依存性 ——超潤滑

　第 2, 3 章で，試料表面の凸凹が巨視的な系の摩擦の振る舞いを決めることを見た．では原子的なスケールで乱れのない清浄な表面間では摩擦はどうなるのだろうか．先の議論をもとに考えると，そのような表面間では，試料表面全体が真実接触点となり，常に極めて大きな摩擦力が働きそうである．本当だろうか．

　平野らは 2 枚の雲母の清浄表面間の摩擦を測定し，それが 2 つの雲母の結晶軸の相対角度に依存し，ある角度では摩擦力が小さくなることを見いだした*．彼らはさらにタングステン W の (011) 面とシリコン Si の (001) 面の間の摩擦を測定し，ある角度——以下で説明するコメンシュレートになる角度——では有限の摩擦力が生じるものの，他の角度——インコメンシュレートになる角度——では実験精度の範囲内で摩擦力が消えることを示した．図 4.13 に測定結果を示す．

　実験では表面の平らなタングステンの針をシリコン表面にくっつけ，シリコンを表面に平行に振動させる．そのときのタングステンの針を支えるバネのたわみから摩擦力がわかる．(a) と (b) で

---

* M. Hirano, K. Shinjo, R. Kaneko and Y. Murata: Phys. Rev. Lett., **67**, 2642 (1992).

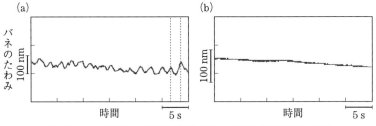

図4.13 タングステン W の (011) 面とシリコン Si の (001) 面間の摩擦の測定結果. (a)はコメンシュレート, (b)はインコメンシュレートの場合. 縦軸はバネのたわみ. 横軸は時間. (M. Hirano, K. Shinjo, R. Kaneko and Y. Murata: Phys. Rev. Lett., **78**, 1448 (1997) より)

はタングステンとシリコンの表面の結晶軸の相対角度が違う. (a)ではシリコンの振動とともに, タングステンの針を支えるバネも振動しタングステンとシリコンの間に摩擦が働いていることがわかる. しかし(b)では実験精度の範囲内でタングステンの針を支えるバネの振動は見えない. すなわち摩擦力が消えている. 彼らはこの状態を**超潤滑状態**(superlubricity)と呼んだ.

摩擦力に2枚の試料表面の結晶軸の相対角度依存性が現れる理由を考えよう. 格子定数の同じ2枚の正方格子を例にする. その正方格子の一方を固定し, 他方の結晶軸を相対角度 $0°$, $15°$, $30°$, $45°$ としたときの配置を図 4.14 に示す. 結晶軸が一致していれば, 2つの格子の x 軸方向の格子間隔の比は 1/1 である. このように, 2つの格子のある軸方向の格子間隔の比が有理数の場合を**コメンシュレート(整合)**という. だが, 一方の正方格子の結晶軸を $45°$ 回転させてしまうと, 回転させた正方格子の x 軸方向の格子定数は $\sqrt{2}$ 倍になってしまうので, 格子定数の比が無理数になってしまう. このような場合を**インコメンシュレート(不整合)**という. 一方の格子を $15°$, $30°$ ずらしたときも同様

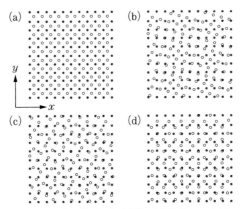

図 4.14 2 枚の格子間隔が同じ正方格子の一方(白丸)を固定し,他方の結晶軸の角度を(a) 0°, (b) 15°, (c) 30°, (d) 45° 回転させたときの配置.

にインコメンシュレートになる.図 4.13(a)ではタングステンとシリコンはコメンシュレート,(b)ではインコメンシュレートになっている.ではなぜ,コメンシュレートとインコメンシュレートで摩擦に違いが現れるのであろうか.このことを 1 次元のモデルに基づいて考えてみる.図 4.15 に(a)コメンシュレートと(b)インコメンシュレートでの原子の配置を示す.

下の基板の変形を無視すると,下の基板が上の物質に及ぼす効果は,上の原子に対する周期ポテンシャルで表すことができる.(a)には上の原子列の平均間隔 ℓ と周期ポテンシャルの周期 a との比 ℓ/a が 1/1 のコメンシュレートの場合を示している.図から明らかなように,もっともエネルギー的に安定な状態(黒丸で示す)はすべての原子がポテンシャルの谷底にいるときである.ここに外から力をかけて上の原子列を動かそうとすると,灰色の丸で示したようにすべての原子がポテンシャルの山を登らなければならないので大きな力が必要である.すなわち最大

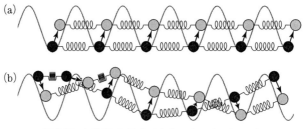

図 4.15 1 次元の場合の (a) コメンシュレートと (b) インコメンシュレートでの原子の配置. 周期ポテンシャルは下の基板との相互作用を, バネは上の物質を構成する原子間の相互作用を表す.

静摩擦力は大きい. これは 2 つの周期の比が 1/1 のときに限らない. ℓ/a が有理数 m/n ならば, 原理的には同様のことが起こる. m と n は整数である. ただし n が大きいほど最大静摩擦力は小さくなる.

(b) に示すインコメンシュレートな場合は状況がまったく変わってくる. 原子列の平均間隔と周期ポテンシャルの周期の比が無理数なため, 黒丸で示す配置から灰色の丸で示す配置へ原子列を動かしたとき, ポテンシャルエネルギーを損する原子もあるが得する原子もある. 十分大きな系ではこのポテンシャルの損得が打ち消し合い, 上の原子列の重心座標の変化に対してエネルギーは変わらない. エネルギーが変化せずに動けるのだから, 最大静摩擦力は 0 となる. このとき系は並進対称性をもち, 動摩擦力は低速では速度に比例する*.

厳密にいえば, 2 つの格子間隔の比が無理数だといえるのも

---

* 並進対称性があるので, 動いている状態は静止している状態と連続的につながる. したがって, 摩擦力は速度の連続関数となり, 速度が小さければそれに対して展開して 1 次まで考えればよいので, 摩擦力は低速度領域では速度に比例する.

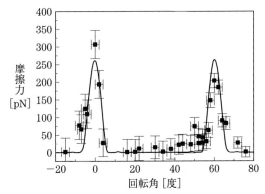

図 4.16 清浄グラファイト間の摩擦の結晶軸の相対角度依存性.(M. Dienwiebel, G. S. Verhoeven, N. Pradeep and J. W. M. Frenken, J. A. Heimberg, H. W. Zandbergen: Phys. Rev. Lett., **92**, 126101 (2004) より)

並進運動に対してエネルギーが不変となるのも,サイズが無限大の系に対してだけである.しかし格子間隔の比が有理数でも,既約分数で表したとき,その分母・分子が十分大きな系では無限系とほとんど同様のことが成り立つ.このため,摩擦力は表面の結晶軸の相対角度に依存し,インコメンシュレートのときは消えてしまう.

同様のコメンシュレート——インコメンシュレートの変化に伴う摩擦力の角度依存性はその後,グラファイト間や金属であるニッケル間[*]でも観測されている.2枚のグラファイト間の摩擦の結晶軸の相対角度依存性を図 4.16 に示す.グラファイト表面は 6 回対称であり,それを反映した角度依存性が現れている.相対角度が 0° および 60° のコメンシュレートのときは摩擦力は

---

[*] J. S. Ko and A. J. Gellman: Langmuir, **16**, 8343 (2000).

大きいもののその近傍を除いて摩擦力はやはり実験精度の範囲内で0となっている．しかし実は，インコメンシュレートだからといって常に最大静摩擦力が0になるとは限らない．このことを次節で考える．

■4.5 原子スケールの摩擦のモデル

図4.15のような周期ポテンシャル中の1次元の原子列は，原子間相互作用を線形のバネで近似すると，古くからよく知られたフレンケル–コントロヴァモデル（Frenkel-Kontorova model）と呼ばれるモデルとなる．

ここで少しその性質を調べてみよう．そのエネルギーは以下のように表される．

$$E_{\mathrm{FK}} = \sum_i \left\{ \frac{K}{2}(x_{i+1}-x_i-\ell_0)^2 + V_0 \cos(2\pi x_i/a) \right\} \quad (4.1)$$

ここでx_iはi番目の粒子の座標，ℓ_0はバネの自然長であり，V_0およびaは周期ポテンシャルの振幅と周期である．この系で平均の原子間隔$b \equiv \langle (x_{i+1}-x_i) \rangle_i$と$a$の比が有理数の場合がコメンシュレート，無理数の場合がインコメンシュレートである．

インコメンシュレートの場合，ポテンシャルの振幅とバネ定数の比V_0/kが小さいと，前節で述べたように原子列は並進対称性を持ち最大静摩擦力は0となる．しかしV_0/kがある臨界値より大きいと，原子列の再配置が起こり系の並進対称性は失われる．図4.17にその様子を示す．

V_0/kが大きいので，バネのエネルギーを多少損しても原子はポテンシャルの山頂付近での大きなエネルギー損失を避けようとする．そのため，山頂付近には両矢印線で示す原子が安定

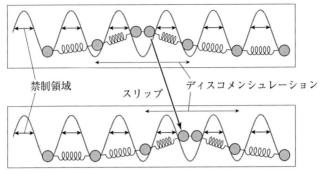

図 4.17 V_0/k が臨界値より大きい場合の原子配置.

に存在できない禁制領域が生じる.そして原子列は周期ポテンシャルを得するように再配置して,局所的にはコメンシュレートな配置をつくる.図では 1/1 の局所的なコメンシュレートな構造がみえる.全体としてはインコメンシュレートなのであるから,どこかでミスフィットを生じる.そのミスフィットの部分を**ディスコメンシュレーション**と呼び,図で長い両矢印線で示した領域である.このように全体としてはインコメンシュレートなのであるが,局所的なコメンシュレートな領域がディスコメンシュレーションによってつながっている構造を**ディスコメンシュレート構造**と呼ぶ.V_0/k の臨界値とは,このような有限の幅の禁制領域が生じディスコメンシュレート構造が生まれる臨界値なのである.

ディスコメンシュレート構造では禁制領域のため,系全体としての並進対称性は失われる.このような V_0/k の臨界値での並進対称性の破れを伴う変化は一種の基底状態の相転移であり,オーブリー(Aubry)が最初に発見したため**オーブリー転移**と呼

ばれる*. このオーブリー転移は原子が安定に存在できない禁制領域の出現によるものである. その意味では 2.2 節で説明したプランドル–トムリンソンモデルでの弾性不安定性の発現と似た点がある. しかし, プランドル–トムリンソンモデルはあくまで 1 自由度のモデルであるのに対して, フレンケル–コントロヴァモデルは多自由度のモデルであり, オーブリー転移は多体効果によって生じる.

このオーブリー転移が摩擦に与える効果を考えよう. オーブリー転移を起こす前は系は並進対称性があるので, 最大静摩擦力は 0 である. このとき, 先の一般的議論から低速度領域の動摩擦力は速度に比例する. V_0/k が臨界値を超えオーブリー転移を起こした後はどうなるであろうか. 無限系では必ずどこかに禁制領域の直前にいる原子があり, 重心座標が少しでもずれればその原子は禁制領域に入るが, そこに居続けることはできないので, 図 4.17 の矢印で示すように山を乗り越え次の安定領域にスリップする. このように局所的なスティック・スリップ運動を生じるのである.

1 回のスリップを起こすのは 1 つの原子であるから, そのとき乗り越えるポテンシャルの山の高さは高々 V_0 の程度である. しかし上の原子列の原子数を N とすると, 原子列の重心座標が周期ポテンシャルの周期 a だけずれるには N 個のすべての原子がスリップしなければならない. したがって重心座標でみたとき隣り合うスリップイベントの間隔は a/N の程度となる. これより 1 回のスリップを起こすのに要する力は $V_0/(a/N)=NV_0/a$

---

* またこの転移点で原子列の配置を表すハル関数と呼ばれる関数の解析性が破れるので, 解析性の破れの転移(breaking of analyticity transition)とも呼ばれる. M. Peyrard and S. Aubry: J. Phys., **C16**, 1593 (1983).

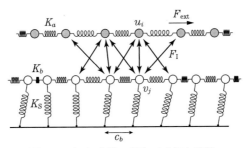

図 4.18 上下の物質の変形の自由度を考慮に入れた 1 次元の摩擦の原子的モデル.

程度となり,原子数 N に比例するマクロなオーダーの最大静摩擦力が発生することになる.動摩擦力は,スリップがある程度大きくそこでのエネルギー散逸が動摩擦への主要な寄与となれば,プランドル-トムリンソンモデルと同様,速度に依存しなくなる.

フレンケル-コントロヴァモデルは滑り面を構成する一方の物質の変形を無視し周期ポテンシャルで置き換えている.しかし,その変形の効果も大きい.図 4.18 に示すような,変形を取り入れた 2 つの原子列からなる 1 次元モデルを考えてみよう[*].

u_i, v_j は上の i 番目の原子と下の j 番目の原子の座標であり,上下の原子列内の原子はそれぞれ隣の原子とバネ定数 K_a, K_b のバネでつながっている.$F_I(u_i - v_j)$ は上の i 番目の原子と下の j 番目の原子の間の相互作用の力,F_{ext} は上のそれぞれの原子にかかる外力,$K_s(v_j - jc_b)$ は下の原子列の原子と基板との間のバネの力で,下の原子列を周期的に並べようとする.c_a, c_b を上下の原子列の平均の原子間距離とし,c_a/c_b が無理数でインコメ

---

[*] H. Matsukawa and H. Fukuyama: Phys. Rev., **B49**, 17286 (1994).

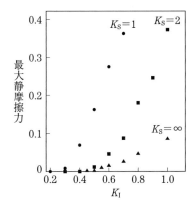

図 4.19 最大静摩擦力の上下の原子間相互作用の強さ K_I 依存性. 下の原子列のバネ定数 $K_S=\infty, 2, 1$ の場合について示す. (H. Matsukawa and H. Fukuyama: Phys. Rev., **B49**, 17286 (1994) より)

ンシュレートの場合を考える. 摩擦力は滑り面を構成する上下の物質の相互作用の力 $F_I(u_i-v_j)$ の総和で与えられる.

このモデルに基づく計算機シミュレーションの結果をみてみよう. 図 4.19 に, 最大静摩擦力の上下の原子間相互作用の強さ K_I 依存性を示す. K_I は $F_I(u_i-v_j)$ の大きさであり, 図では, 下の原子列と基板の間のバネ定数 K_S が $\infty, 2, 1$ の場合の結果が示されている. $K_S=\infty$ としてしまえば下の原子列は周期的に並び, 上の原子に対して周期ポテンシャルをつくる. このモデルでは周期ポテンシャルはほぼ 1 つの三角関数で表すことができる. つまりそのとき, このモデルはフレンケル-コントロヴァモデルになるわけである. このとき, $K_I \approx 0.5$ でオーブリー転移が起こり有限の最大静摩擦力が現れる. K_S を小さくして下の原子列が変形しやすくなるとその臨界点は小さくなり, 最大静摩擦力が 0 の領域は狭くなる.

動摩擦力の速度依存性を図 4.20(a)(b) に示す*. (a) に示す

---

* 運動を追いかけていくときには, 各原子と原子列の重心の速度差に比例する散逸項を導入している.

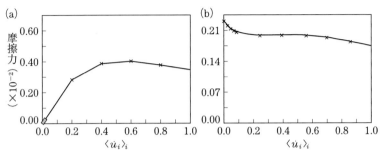

図 4.20 動摩擦力の速度依存性．(a) $K_I=0.2$ でオーブリー転移点のわずかに下の領域．最大静摩擦力は 0 であり動摩擦力は低速度領域で速度に比例する．(b) $K_I=1.5$ でオーブリー転移点より上の領域．最大静摩擦力は有限で動摩擦力は速度にほとんど依存しなくなる．

$K_I=0.2$ でオーブリー転移点のわずかに下の領域では，最大静摩擦力は 0 であり，動摩擦力は低速度領域では先に述べたように速度に比例する．しかし (b) に示す $K_I=1.5$ でオーブリー転移点を起こしたあとでは，最大静摩擦力は有限で動摩擦力は速度にほとんど依存しなくなる．これはまさに局所的なスティック・スリップ運動が起こっており，そのスリップの速度スケールは重心の速度よりも十分速く，その際のエネルギーの散逸が動摩擦力を支配しているためである．その局所的なスティック・スリップ運動の様子は，各原子の運動をみれば明らかである．図 4.21 に上下の原子間相互作用が強い場合の，上下の原子列の配置の連続したスナップショットを示す．矢印で示すように，下の原子がある瞬間にスリップすることがわかる．重心座標は等速で運動していても，局所的にはスティック・スリップ運動を繰り返しているのである．

このようにインコメンシュレートだからといって摩擦力が 0 になるとは限らない．またオーブリー転移点以下で静摩擦力が消えたとしても，動摩擦力は一般には有限である．ただその場

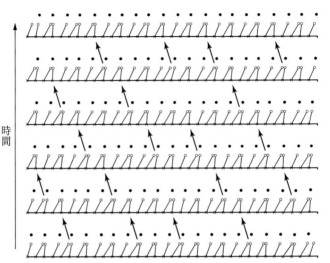

図 4.21 $K_I=1, K_S=1$ の場合の上下の原子列の配置の連続したスナップショットを示す．時間は下から上に進んでいる．一番下のパネルから一番上のパネルまで上の原子列の平均変位はちょうど下の原子列の平均間隔 c_b とほぼ等しい．

合，低速度領域では動摩擦力は速度に比例するため，そこでは十分小さくなる．実際の実験結果はどう解釈できるのであろうか．先に紹介したタングステンとシリコンおよびグラファイト間の摩擦力はインコメンシュレートの場合，実験精度の範囲内で 0 と報告されている．測定しているのは動摩擦力である．これは 2 枚の滑り面の原子間相互作用がオーブリー転移点以下で静摩擦力は 0 の条件が満たされており，低速度領域にあるので，動摩擦力も十分小さくなっていると考えられる．

ここまで紹介した実験は滑り面の 2 枚の表面の結晶軸の相対角度を制御しており，実験・計算ともにコメンシュレートかインコメンシュレートかの条件を決めた上での摩擦の振る舞いを調べている．では，結晶軸の相対角度が変化できる場合はどう

なるのであろうか．このとき2つの可能性が考えられる．

結晶軸を揃えてコメンシュレートな構造を作ったほうが，面間の原子間相互作用を得することができる．1つめの可能性は，その相互作用の得を確保するため，結晶軸を揃えたまま運動することである．このとき，最初は面間の原子間相互作用を得する配置にいても，運動の途中ではその相互作用をあまり得しない配置もとらなければならない．そのため系は，振幅の大きなスティク・スリップ運動を示す．2つめの可能性は，動摩擦力を小さくするため一方の結晶が回転して，下の面とインコメンシュレートな構造をつくるというものである．このとき，滑り運動による上下の面間の原子間相互作用は小さくなり，滑らかな運動に近づくだろう．

計算機実験の結果をみてみよう[*]．モデルは清浄基板上で摩擦力顕微鏡の針で駆動される原子フレークである．基盤とフレークは同じ格子定数を持つ正方格子である．図4.22(a)に示す初期配置から出発して，30°方向に外力を加えフレークを動かししばらく経つと，フレークは自発的に回転し(b)に示すような配置をとり，基盤とインコメンシュレートになる．

(c)は0°，15°，30°，45°方向に駆動した際の摩擦力の時間依存性を示したものである．ここで摩擦力は駆動バネがフレークを引っ張る力の駆動方向の成分として定義している．最初，摩擦力は最大静摩擦力まで増加する．図からは最大静摩擦力の駆動方向依存性もわかり，それは0°，15°，30°，45°の順に大きくなる．これは4.4節で議論した摩擦力の結晶軸の相対角度依存性ではなく，結晶軸を揃えた2面間の摩擦力の駆動方向依存

---

[*] H. Matsukawa, K. Haraguchi and S. Ozaki: J. of Phys.: Conf. Ser., **89** 012007 (2007).

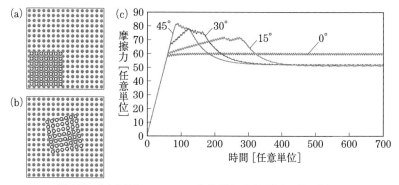

図 4.22 (a)基板上のフレークの初期配置．(b)遷移時間後の基板上のフレークの配置．(c)フレークを 0°, 15°, 30°, 45° 方向に駆動した際の摩擦力の時間依存性．

性であることに注意しよう．

運動を始めてある時間が経過すると，0° の場合を除き，摩擦力は減少を始め，最終的には小さい一定値に落ち着き，運動も滑らかになる．このときフレークは回転し，基板に対してインコメンシュレートな構造を作っている．バネで駆動を始めてからこのインコメンシュレートな構造に落ち着くまでの時間を，遷移時間と呼ぶことにしよう．この遷移時間は速度が大きいほど短く，低速度側で増大していく．低速では基板との相互作用を得するコメンシュレートな構造を長く保とうとする傾向があり，高速では速くインコメンシュレートな構造をとり動摩擦力を下げようとするわけである*．そしてその遷移時間後，フレークは自発的に選んだ摩擦力の小さな構造をとるのである．同様の振る舞いは水晶マイクロバランス法で測定できる，清浄基板上の吸着膜に関する計算機実験でもみられる．

---

* フレークと基板の間の相互作用がある程度以上強いと，コメンシュレートな配置を保ち続ける場合もある．

5
最近の発展と問題
再びアモントン-クーロンの法則

　ここまで摩擦の多様な振る舞いを紹介し，その機構を議論してきた．この最後の章では，再びマクロな系で成り立つアモントン-クーロンの法則に注目し，それを中心とした摩擦の研究に関する最近の発展と問題について見ていくことにしよう．実は，わかったつもりになっていた摩擦の振る舞い，特にアモントン-クーロンの法則の成立機構と成立条件については，まだまだ議論があるのである．

5.1 ミクロなスリップとマクロな滑り

　第1章の最初で，図1.1の床の上におかれた積み木に外力を加えても，それが最大静摩擦力以下の場合，物体は動かないと記した．では，最大静摩擦力以下の外力下では積み木は全く動かないのであろうか．実は最近の研究により，そのような外力下でも局所的なスリップが起こっていることが確かめられた．実験は摩擦の研究によく用いられ本書でもたびたび登場してきたPMMAというアクリルでできた基板とブロックを用いて行われた．図5.1(a)に摩擦力の時間変化を示す．

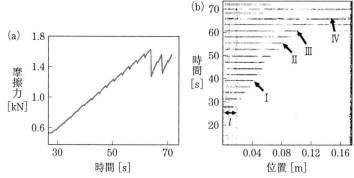

図 5.1 PMMA の摩擦実験.(a)摩擦力を時間の関数として示す.(b)各時刻での局所的な滑りの起こった領域を横線で示す.l は局所的なスリップの到達距離である.S. Rubinstein, G. Cohen and J. Fineberg: Phys. Rev. Lett., **98**, 22613 (2007).

上のアクリルは横から十分小さな一定速度で動く棒で押されている.最初,ブロックはスティック状態にあり,摩擦力は時間ととも増加する.そして図で 65 秒あたりの時刻にブロックは大きく滑り,摩擦力は急激に減少する.この急激な減少の直前の最大の摩擦力が最大静摩擦力である.しかし,よくみるとそこに至る途中でも摩擦力は小さいが急激な減少を何度も起こしているのがわかる*.そこでは何が起こっているのだろうか.

この実験では接触面の各場所における真実接触面積の密度を測っている.その測定から,摩擦力が小さい急激な減少をするときには局所的なスリップを起こしている** ことがわかったの

---

* このような大きなスリップの前の微小滑りは,図 4.7 に示したように 1 つのアスペリティの nm スケールの現象でも起こり,興味深い.
** このような系全体の滑りが起こる前の,局所的な運動はゲルでも観測されている.T. Baumberger, C. Caroli and O. Ronsin: Phys. Rev. Lett., **88**, 75509 (2002); T. Yamaguchi, M. Morishita, M. Doi, T. Hori, H. Sakaguchi and J.-P. Ampuero: J. of Geophys. Res., **116**, B12306 (2011).

である．図(b)に各時刻での局所的なスリップが起こった領域を横線で示す．

この局所的なスリップはブロックを押している後端から発生し，少し進んで止まる．駆動力(摩擦力に等しい)の増加とともに，その局所的スリップは次々，後端から発生し止まるが，その到達距離(図中の l)は徐々に伸びていく(I-III)．そしてある長さに達したところで急激に進み(III-IV)，ブロックの前端に達したところでブロック全体が滑り，摩擦力は大きく急激に減少するのである*．

このように，滑り面の局所的な真実接触面積の密度とその変化が実験的に測定できるということは驚くべきことである．アクリルブロックという透明な物質を用い，光学的な手法を用いた最先端実験技術を駆使してそれが可能となった．また，最大静摩擦力以下の外力下で，局所的なスリップが起こっているということも興味深い．

この系では，このような局所的なスリップと関係し，系に加える圧力や，駆動条件の違いによって，ブロック全体の滑り運動に対応する静摩擦係数が変化することも明らかになった**．これらの振る舞いは局所的にはアモントンの法則が成り立つ——各々の場所の摩擦応力は有効速度にのみ依存する摩擦係数×圧力で与えられる——とした弾性体のモデルの数値実験および理論モデルに基づく計算でも再現する***．ここでアモントンの法則とはアモントン-クーロンの法則のうち，摩擦力の速度依

---

* 同様の現象はやはり PMMA を用いて中野らによっても観測されている．S. Maegawa, A. Suzuki and K. Nakano: Tribology Lett., **38**, 313 (2010).
** O. Ben-David and J. Fineberg: Phys. Rev. Lett., **106**, 254301 (2011).
*** M. Otsuki and H. Matsukawa: arXiv:1202.1716.

性に関する部分を除いたもの，つまり摩擦力は荷重に比例し見掛けの接触面積に依存しない，という法則である．そこではさらにブロックの静摩擦係数が見かけの接触面積に依存する事も予言されている．

これらの振る舞いは，巨視的なスケールの物体の中では必ず生じてしまう応力の非一様性によって生まれる．この静摩擦係数の圧力，および見かけの接触面積依存性は明かにブロック全体としてアモントンの法則が破れていることを示している．

アモントンの法則は，多数の真実接触点を含む領域の長さより大きく，応力の非一様性が顕著になる長さより小さいスケールで成り立つと考えられる．このアモントンの法則が成立するスケールの領域がさらに構成要素となり多数集まって，ブロックという巨視的な大きさの物体を作る．そしてそこでは，アモントンの法則が成り立たなくなるのである．

このように，構成要素の示す摩擦の振る舞いと，それが多数集まって形成する系の摩擦の振る舞いは違うのである．まさに「More is different」*である．この問題に注目し，制御された多くの真実接触点を人工的に作った界面での摩擦の実験も行われている**．また，3.5節で議論した地震や，本書では触れることができないが**粉体***の摩擦においても，巨視的なスケールの物体とその構成要素の摩擦の振る舞いの違いが問題となる．上

---

* ノーベル賞物理学者 P. W. Anderson の言葉(Science, **117**, 393 (1972))．福山秀敏『物質科学への招待』(岩波講座物理の世界，2003)も参考にされたい．

** Y. Okamoto, K. Nishio, J. Sugiura, M. Hirano and T. Nitta, J. Phys.: Conf. Ser., **89**, 012011 (2007); R. Bennewitz, J. David, C. de Lannoy, B. Drevniok, P. Hubbard-Davis, T. Miura and O. Trichtchenko, J. Phys.: Cond. Matt., **20**, 015004 (2008).

*** 粉体については，早川尚男『散逸粒子系の力学』(岩波講座物理の世界，2003)を参考のこと．

記のアモントンの法則の破れがどのような物質・条件で起こるのか，などまだ明かでない点が多い．今後の一層の研究成果が期待される．

■5.2 新しいアモントン-クーロンの法則の機構

2.2 節で，速度に依存しない動摩擦力が働く理由を以下のように説明した：系全体が一定の滑り速度で運動していても，各アスペリティはスティック・スリップ運動を繰り返し，スリップの際のエネルギー散逸が動摩擦力の主たる要因である；スリップの速度は系全体の滑り速度と無関係なので，動摩擦力は滑り速度に依存しない．また，スティック・スリップ運動が起こる条件として，アスペリティ間の相互作用とアスペリティの有効バネ定数の比がある臨界値以上であり，アスペリティの安定状態が複数存在することが必要であることもみてきた．これは摩擦力顕微鏡を用いた実験で確かめられた(4.1 節)．現実の物質では動摩擦力は速度に依存しないのであるから，そこでのアスペリティは弾性不安定性の条件を満たし多重安定状態にあると考えられる．

しかし，本当に実際の表面のアスペリティは弾性不安定性の条件を満たしているのであろうか．少なくとも工業的用途に用いられるような現実の表面は，2.1 節でも議論したようにかなり平坦に近く，アスペリティを球の一部で近似したとき，アスペリティの高さと半径の比は 1/10 程度以下となる．各アスペリティはかなり太っており，横方向の変形に対するバネ定数が大きい．こうした状況では，少なくとも化学結合を作らずアスペリティ間の相互作用が小さい場合，弾性不安定性が生じないと

5.2 新しいアモントン–クーロンの法則の機構

評価される*.つまり化学結合を作らない表面間では速度に依存しない動摩擦力が現れず,2.2節でみたように,滑り速度が0の極限で動摩擦力0となることが理論的には予言されてしまう.

関係する問題は3.3節で議論したアスペリティのクリープ運動に関しても起こる.動摩擦力が滑り速度に依存しないのは第1近似での話であり,温度の効果を考えると速度に関して対数関数的な依存性が出てくる.これは実験的にも確かめられていた.その速度依存の項の係数の大きさから一度にスリップする部分の体積が評価でき,それは例えばPMMAの場合,$1 \sim 2\,\mathrm{nm}^3$程度と極めて小さいのである.一方,アスペリティの面積は$1 \sim 10\,\mu\mathrm{m}^2$程度と評価されるので,一度にスリップする部分はこの面積のアスペリティよりもずっと小さい事になる**.

では,弾性不安定性を起こし,一度にスリップを起こすのはどのような構造なのであろうか.これについてもいくつか説があるが,そのうちの1つに表面の凸凹が**フラクタル**的構造を作っており,十分小さなスケールのアスペリティまで存在するので弾性不安定性が起こるというものがある***.そこでは,一度にスリップする部分の体積も極めて小さくなることが期待される.2.1節で議論した,弾性領域と塑性領域にあるアスペリティの数が同程度の場合にも,表面のフラクタル構造を考えれば真実接触面積に比例することを示すことができる.現実の表面がフラクタル的構造をつくっているという報告もある****.しか

---

* C. Caroli and P. Nozieres: Eur. Phys. J., B 4, 233 (1998).

** T. Baumberger and P. Berthoud: Phys. Rev. **B60** 3928 (1999).

*** B. N. J. Persson: Phys. Rev. Lett., **87**, 116101 (2001); J. B. Sokoloff: Phys. Rev., E, **78**, 036111 (2008), **85**, 027102 (2012).

**** M. Zaiser, F. M. Grassett, V. Koutsos and E. C. Aifantis: Phys. Rev. Lett., **93**, 195507 (2004).

しこれが，動摩擦力が第1近似的には速度に依らず熱揺らぎの効果で対数関数的速度依存性を示す様々な物質・表面について矛盾のない説明になっているか否かは未だ不明である．これについても今後の研究が期待される．

4.4節で清浄表面の間の摩擦力は2つの表面の結晶軸の相対角度に依存することをみた．滑り方向の格子間隔の比が有理数のコメンシュレートな場合，摩擦力が大きく，比が無理数のインコメンシュレートな場合，小さくなる．そして4.5節で議論したように，インコメンシュレートな場合，オーブリー転移が存在し，2つの物体の原子間相互作用と格子の弾性定数の比にはある臨界値が存在する．そして，その臨界値より原子間相互作用が弱ければ最大静摩擦力は消え，動摩擦力は低速度領域で速度に比例する．臨界値より原子間相互作用が強ければ有限の最大静摩擦力が存在する．実際，タングステンとシリコンおよびグラファイトの清浄表面間の摩擦力はインコメンシュレートの場合，実験精度の範囲内で0と報告されている．超高真空中のNiの場合もインコメンシュレートの条件下では摩擦力は0とはならないものの小さくなる．

他の系ではどうであろうか．この問題に関する計算がいくつかの物質の表面について行われ，そこでは，ほとんどすべての系のインコメンシュレートな表面においてオーブリー転移は起きず並進対称性が保たれ，最大静摩擦力は0となることが予言されている*．

---

*　M. Hirano: Surf. Sci. Rep., **60**, 159 (2006); M. Hirano, H. Murase, T. Nitta and T. Ito: J. Phys.: Conf. Ser., **258**, 012014 (2010); Q. Zhang, Y. Qi, L. G. Hector, Jr., T. Cagin and W. A. Goddard III: Phys. Rev. **B75**, 144114 (2007).

5.2 新しいアモントン–クーロンの法則の機構

　これらは原子的に清浄な表面間の摩擦についての議論である．では現実の凸凹を伴った表面ではどうなるのであろうか．そこでは滑り面の2枚の表面のアスペリティによって真実接触点が形成されている．その真実接触点でまず乱れが無視できるとしよう．同一の物質の同じ面間でも，一般には結晶軸は揃わず格子間隔の比は無理数でインコメンシュレートである．そのとき上の議論をそのまま適用すると，静摩擦力がないことになってしまう．

　では，真実接触点での乱れの効果を取り入れたら，どうなるのであろうか．乱れがあると，最大静摩擦力は常に有限となることが知られている．しかしそのとき，最大静摩擦力は全真実接触面積 A_r に比例せず，$\sqrt{A_r}$ に比例する．そうすると，全真実接触面積に比例した最大静摩擦力が生じなくなってしまう[*]．

　では，何がアモントン–クーロンの法則に従うマクロな摩擦力を生み出しているのだろうか．それは2枚の滑り面間の動ける介在物，実際は水や空気分子，炭化水素，不純物，またはそれらの作るクラスターであるとミューザー(Müsser)らは主張している．図5.2に彼らの説明の概念図を示す．上下の正弦波は，上下の基板が介在物に対してつくる周期ポテンシャルを表す．ここで介在物が動けるというのが大事な点であり，そのため介在物はエネルギー極小の位置を占める．ここで上の物質に外力を加え横に動かそうとすると，介在物はポテンシャルエネルギー極小の位置からずれるのでエネルギーが上がる．したがって有限の最大静摩擦力が生じる，というわけである．そして，この摩擦力は真実接触面積および荷重に比例することを示すことが

---

[*] S. Akarapu, T. Sharp and M. O. Robbins: Phys. Rev. Lett., **106**, 204301 (2001).

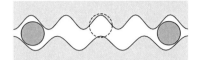

図 5.2 滑り面間の介在物.上下の正弦波は上下の基板が介在物に対してつくる周期ポテンシャルを表す.灰色の丸は介在物がポテンシャルを得する位置,白丸は損する位置を示す.(M. H. Müsser, L. Wenning and M. O. Robbins: Phys. Rev. Lett., **86**, 1295 (2001) より)

できる.

では,これが本当にアモントン-クーロンの法則に従うマクロな摩擦の発生機構なのであろうか.いくつかの問題がある.上に述べた計算はすべて原子間のある種のポテンシャルを用いた古典力学的計算であり,その妥当性は検証が必要であろう.また実際の凸凹のある表面での摩擦には,2.2 節で述べたように真実接触点の形成,変形,破壊が伴う.上に紹介した摩擦の計算のほとんどにはそのような効果を取り入れられておらず,単に横滑り運動に要する力やエネルギー変化などが議論されている.それは表面エネルギーの横方向の変位に対する変化が関係する問題である.その際,接触点を形成することによる凝着エネルギーはほとんど関与しない.しかし真実接触点を破壊するときには凝着エネルギーを与えなければならない.例えば金属間では真実接触点で金属結合が生じており,その結合に伴う凝着エネルギーを外から与えその凝着を切らなければならない.したがって,そこでは通常考えられている凝着説の機構による摩擦への寄与もあると考えられる.実際,4.2 節でみた,Ag の 1 つの真実接触点の剪断実験では,明らかに有限の摩擦力が働いて

いる*．これに関しても，今後の研究が必要である．

1.5節でも記したように，1985年の原子間力顕微鏡の発明とそれを発展させた摩擦力顕微鏡により，原子・分子スケールの摩擦の実験が可能となり，摩擦の研究は新しい段階に入った．そして，ここ10年ほどの間に，この章で議論したことが問題となってきた．そこでは，原子スケール，微視的スケールと巨視的スケールの摩擦をつなぐところがまさに問題となっているのである．

このような異なるスケールの現象をつなぐのは物理のみならず科学の基本的課題の1つであろう．この10年で摩擦の研究は，まさにその科学の基本的課題に焦点が当てられるに至ったといえよう．しかし，議論は続いており"正解"はまだわからない．ひょっとすると物質によって摩擦の発生機構，アモントン–クーロンの法則の成立機構は違うのかもしれない．現時点では，ダ・ヴィンチによって発見されたアモントン–クーロンの法則について，万人が納得する説明はいまだ存在しない，ということはいえるであろう．

■5.3 おわりに

本書では古代エジプトの昔から現代まで，原子スケールの摩擦から地震まで様々なスケールの多様な舞台での摩擦現象を議論してきた．しかし，摩擦に関連した現象はもっと多彩であり，

---

* この実験では，左右のアスペリティは独立に作られており，その結晶軸の方向はランダムなので互いにインコメンシュレートになっていると考えられる．ただし，圧力は測定されておらず，マクロな系の真実接触点における圧力程度かどうかは不明である．

本書でふれることのできなかった問題も多い．工学的にはさらに摩擦に関連した膨大な分野が広がっている．

また，界面での滑り摩擦に類似の現象は，固体内でも起こる．転位の運動（付録参照）や，低次元導体における電荷・スピン密度波，第2種超伝導体中の磁束格子，磁性体中の磁束壁などのピン止めと運動である[7][19]．これらに小さな外力（といっても力学的な力とは限らず，系によって電場であったり，電流であったりするが）を加えてもピン止めのために動けない．最大静摩擦力に対応する臨界閾値以上の外力を加えて初めて運動を始めるが，動いているときには動摩擦力が働く．これらの系でもスティック・スリップや，静摩擦力の待機時間依存性に対応した現象が現れる*．

中性子星においては時折，その自転速度が急激に速くなる現象が観測される．このときの回転エネルギーの増加は，太陽の全放射エネルギーの100年分に相当する巨大イベントである．じつはこれは，それまで中性子星の超流動渦糸がピン止めされスティックしており，それがはずれスリップしたためであると言われており，それが本当なら摩擦現象がまさに宇宙スケールで現れたものである**．

このように摩擦現象は様々な舞台で現れる．しかし舞台が違っても共通した多くの現象，機構——普遍性——がある．だがより詳しくみるとその共通の現象の中にも各々の系の個性がある．

＊ E. Altshuler and T. H. Johansen: Rev. Mod. Phys., **76**, 471 (2004); N. Ogawa and K. Miyano: Phys. Rev., **B70**, 075111 (2004); D. Nakamura, T Kubo, S. Kitamura and A. Maeda: J. Phys.: Cond. Matter, **22**, 445702 (2010).

＊＊ P. W. Anderson, M. A. Alpar, D. Pines and J. Shaham: Philos. Mag. **A45**, 227 (1982); Y. Mochizuki, T. Izuyama and I. Tanihata: Astrophys. J., **521**, 281 (1999).

本書のなかで何度も登場したスティック・スリップ運動も様々な舞台で現れる．しかし，その振る舞いは千差万別である．ある舞台ではスリップは周期的に起こる．しかし他の舞台では非周期的である．

　では何がその性質——個性——を決めているのであろうか．それは現時点ではまだ明らかでない場合が多い．しかしその原因を明らかにすることは，普遍性の機構を，ひいては摩擦の機構を明らかにすることでもある．そのためには各々の系の個別的研究だけではなく，統一的視野からの総合的研究が必要である．

　本書がきっかけとなり，摩擦の問題により興味をもっていただければ幸いである．

A
転位と塑性変形

　ここでは結晶の塑性変形の機構について考える．図 2.2 に示したように，弾性変形は可逆であり，外力を除けば歪みはなくなる．しかし塑性領域に達してしまえば外力を取り去っても歪みは残る．これは転位ができてしまったからである．例として，図 A.1 に示すように結晶を剪断しようとするズリ応力をかけ，上側を右にずらそうとする場合を考える．

　ある面を境にしてズレが一斉に起こるとすれば，そのような変形を起こすためにはその面全体にわたって上下の原子の間の結合を切らなければならない＊．1 本の原子間の結合を切るため

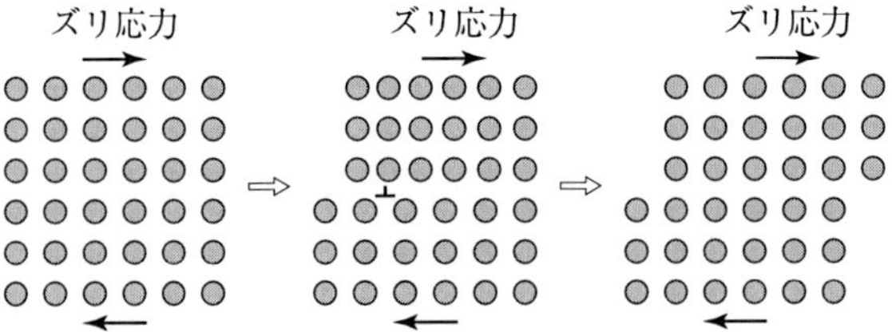

図 A.1　塑性変形と刃状転位 ⊥.

　＊　ここでは簡単のため，隣り合う原子間にのみ結合があり，それにより結晶ができていると考えている．

に必要な力をσ_sとすると，そのときの剪断に要する力は$\sigma_s \times N^2$の程度となる．ここでN^2は面内の全原子数であり，この力は試料の断面積に比例しきわめて大きくなる．

　実際にはそれほど大きな力をかけなくとも変形は起こる．それは図 A.1 に示すように，ズリ応力に垂直な原子面が途中まで 1 格子間隔だけ先にずれ，次にその原子面のずれが 1 格子間隔ずつ右に進んでいき，最後に結晶の上側全体が右にずれるからである．変形の途中では原子面が 1 枚余計な部分が存在する．その端を**刃状転位**といい記号 ⊥ で表す．1 枚の原子面は一斉に動かなくともよい．その中の一部が動き核をつくり，それ広がっていけば，原子面が 1 格子間隔ずつずれていける．したがって変形を起こすのに必要な力は$\sigma_s \times$（核の中の原子数）の程度の小さい値となる．

　転位にはこの他にも様々なタイプのものがあるが，一般に結晶の塑性変形は転位の生成，運動を伴う．図からも想像できようが，転位の線は結晶の内部で勝手に消えたり生まれたりできない．そんなことが起こったら原子の並び方に矛盾が生じてしまう．転位の線は連続しており，結晶の端から端まで貫くか，自分自身で閉じた輪をつくるかのいずれかである．また，転位の位置から少し離れてしまえば原子の並びはもとの結晶と同じであり，転位ができた状態はエネルギー的に準安定である．

　この 2 つの効果，転位の線の連続性と転位の準安定性，のため，一度できた転位はきわめて安定である．そして一度できてしまったり 1 格子間隔動いてしまったりした転位は，外力がなくなっても消えたり元の位置に戻ったりしない．そのため，塑性変形が起こると外力を取り除いても歪みは戻らないのである．

　他方，非晶質の物質の場合，塑性変形は原子あるいは分子の

固体内拡散によると考えられている．結晶の場合は転位が，非晶質の場合は原子あるいは分子が，あるエネルギーバリアーを乗り越えて運動することにより塑性変形は進む．したがって，変形と外力の関係は式(3.15)で記述することができる．

参考図書

摩擦についての一般的な解説書として,

[1] 曾田範宗:摩擦の話, 岩波新書, 1971.

がある. 身近な摩擦の実験や人間生活と摩擦の関係, 摩擦の研究, 理解の歴史にまでふれた名著である.

また工学上の応用や最近の発展までふれたものとして,

[2] 角田和雄:摩擦の世界, 岩波新書, 1994.

もある.

人間が摩擦とどうつきあってきたか, 摩擦の研究の歴史については,

[3] D. Dowson: History of Tribology, Longman, 1979. (抄訳)トライボロジーの歴史,「トライボロジーの歴史」編集委員会訳, 工業調査会, 1997.

に詳しい.

物理的側面から捉えた摩擦の良い教科書として,

[4] B. N. J. Persson: Sliding Friction—Physical Principles and Applications, 2nd edition, Springer, 2000.

[4] とは違った見地からの良い教科書,

[5] V. L. Popov: Contact Mechanics and Friction, Physical Principles and Applications, Springer, 2010.

原子・分子スケールの摩擦に関しては次の教科書が詳しい.

[6] C. M. Mate: Tribology on the Small Scale, A Bottom Up Approach to Friction, Lubrication and Wear, Oxford University Press, 2008.

滑り摩擦,固体内摩擦現象まで様々な摩擦現象を解説した本として,

[7] 日髙芳樹,甲斐昌一,松川宏:液晶のパターンダイナミクス/滑りと摩擦の科学,非線形科学シリーズ4,培風館,2009.

摩擦の最近のレビューとして,

[8] T. Baumberger and C. Caroli: Solid friction from stick-slip down to pinning and aging, Advances in Physics, **55** 279 (2006).

[9] H. Kawamura, T. Hatano, N. Kato, S. Biswas and B. K. Chakrabarti: Statistical physics of fracture, friction and earthquakes, Review of Modern Physics, **84**, 839 (2012).

トライボロジー全般の教科書として以下の5冊を挙げる.

現代的な摩擦の凝着説を確立した研究者による古典的教科書として,

[10] F. P. Bowden and D. Tabor: The Friction and Lubrication of Solids I, II, Clarendon Press, 1954, 1964. (邦訳) I 巻「固体の摩擦と潤滑」,曾田範宗訳,丸善,1961.

定評のある教科書として

[11] E. Rabinowicz: Friction and Wear of Materials, 2nd edition, Wiley Interscience, 1995.

[12] B. Bhushan: Principles and Applications of Tribology, Wiley Interscience, 1999.

[13] 木村好次,岡部平八郎:トライボロジー概論,養賢堂,1982.

[14] 加藤孝久,益子正文:トライボロジーの基礎,培風館,2004.

トライボロジーの諸問題がコンパクトにまとめられている.

最近の会議録として以下のものがある.

[15] K. Miura and H. Matsukawa eds.: Proceedings of the

International Conference on Science of Friction 2007, Journal of Physics: Conference Series, **89** (2007); Proceedings of the International Conference on Science of Friction 2010, Journal of Physics: Conference Series, **258** (2010).

弾性論の教科書としては,

[16] ランダウ・リフシッツ:弾性理論(増補新版), ランダウ–リフシッツ理論物理学教程, 佐藤常三, 石橋善弘訳, 東京図書, 1989.

が名著である.

地震に関する定評のある教科書として,

[17] C. H. ショルツ:地震と断層の力学 第 2 版, 柳谷俊, 中谷正生訳, 古今書院, 2010.

表面力測定装置を開発した研究者による定評ある教科書として,

[18] J. N. Israelachivili: Intermoecular and Surface Forces, 3rd edition, Elsevier, 2010.(邦訳)分子間力と表面力 第 2 版, 近藤保, 大島広行訳, 朝倉書店, 1996.

摩擦に関しては 3rd edition を参照されたい.

固体内で様々な秩序が示す摩擦現象に関して以下の文献がある.

[19] D. Fisher: Collective transport in random media: from superconductors to earthquakes. Physics Reports, **301**, 113 (1998).

[20] S. Brazovskii and T. Nattermann: Pinning and sliding of driven elastic systems: from domain walls to charge density waves, Advances in Physics, **53**, 177 (2004).

索 引

英 字

AFM（原子間力顕微鏡） 18, 71, 72, 105
BCS 理論 73
CVT（無段変速機） 22
FFM（摩擦力顕微鏡） 18, 67, 73, 75, 80, 105
MEMS 76
QCM（水晶マイクロバランス法） 80, 95
SFA（表面力測定装置） 77, 80
TEM（透過型電子顕微鏡） 76

ア 行

アスペリティ 25, 29-31, 34, 36, 39, 47, 51, 54, 72, 75, 100, 103
アモントン-クーロンの法則 3, 8, 25, 29, 33, 36, 46, 74, 104
アモントンの法則 98
インコメンシュレート（不整合） 82, 83, 87, 93, 102
インターカレート 74
オーブリー転移 88, 91, 102

カ 行

解析性の破れの転移 89
カーボンナノチューブ 21
間接過程 51, 53, 54

境界潤滑 15, 77
凝着説 7
グラファイト 74, 75
クリープ運動 47, 48, 51, 56, 58, 62, 75, 101
原子間力顕微鏡（AFM） 18, 71, 72, 105
降伏応力 29
コメンシュレート（整合） 82, 83, 87, 93, 102
混合潤滑 15

サ 行

最大静摩擦力 3, 97
サンアンドレアス断層 64
地震 63, 65, 99
潤滑 14
状態変数 53, 61
真実接触点 7, 25, 33, 36, 47, 58, 82, 103
真実接触面積 7, 26, 28, 29, 33, 48, 60, 68, 103
刃状転位 109
振動数 56
水晶マイクロバランス法（QCM） 80, 95
スティック・スリップ 10, 19, 37, 41, 44, 47, 49, 65, 69, 72, 79, 89
ストライベック曲線 15

静摩擦係数　4
速度強化　48, 54, 63
速度弱化　48, 49, 54, 63
塑性変形　28, 108

タ 行

待機時間　13, 48, 53, 61
弾性不安定性　38, 43, 70, 100
弾性変形　26, 108
超潤滑状態　83
超伝導　72
直接過程　51, 53, 54
ディスコメンシュレーション　88
ディスコメンシュレート構造　88
転位　108
透過型電子顕微鏡（TEM）　76
動摩擦係数　4
動摩擦力　3
凸凹説　4
トライボロジー　14

ナ 行

ナノトライボロジー　18
ナノマシーン　20

ハ 行

ハル関数　89
表面力測定装置（SFA）　77, 80
フラクタル　101
プランドル–トムリンソンモデル　39, 54, 68, 70, 89
フレンケル–コントロヴァモデル　87, 90, 91
粉体　99
ヘルツ接触　27
ポアソン比　27

マ 行

摩擦　1
摩擦係数　4
摩擦の構成則　51, 63
摩擦力　1
摩擦力顕微鏡（FFM）　18, 67, 73, 75, 80, 105
無段変速機（CVT）　22

ヤ, ラ 行

ヤング率　27
ランジュヴァン方程式　55
流体潤滑　14

■岩波オンデマンドブックス■

岩波講座 物理の世界
摩擦の物理

2012年6月20日　第1刷発行
2015年6月10日　オンデマンド版発行

著　者　松川　宏

発行者　岡本　厚

発行所　株式会社　岩波書店
〒101-8002　東京都千代田区一ツ橋2-5-5
電話案内　03-5210-4000
http://www.iwanami.co.jp/

印刷／製本・法令印刷

© Hiroshi Matsukawa 2015
ISBN 978-4-00-730222-0　　Printed in Japan